JN081007

水産改革と
魚食の未来
八木信行　編
恒星社厚生閣

はじめに

本書は，「改革」について論じる内容である．

改革は，会社や業界に体力があるうちに始める必要があるとされる．この点は，30年近く前に筆者が米国のビジネススクールで学んでいた時代でも，すでに常識的な話とされていた．

しかし，改革を現実の社会で実際に実行しようとすると，様々な難しい壁に突き当たる．改革に伴うコストや痛みは即座に発生する一方で，改革の成果は何年も後にならないと見えてこない．そもそも，本当に成果が出るかもよくわからない．つまり受益者と負担者は，時間的なスケールで隔てられている構図になりがちだ．

また改革で便益を得る人たちは，改革に伴ってコストを払った人たちとは別の集団かもしれない．また，改革に向けて関係者間が入念に合意形成を図ったとしても，その陰で交渉力の弱い弱者の利益が損なわれている可能性もある．この場合，受益者と負担者は，社会的に隔てられた集団となる構図になりがちで，社会的な公平性などが問題となりかねない．

全体のパイを広げながら改革を行うことで，弱者も現在の利益水準を確保しながら，やる気のある者がさらに利益を伸ばす選択肢もある．一見良いアイディアのように見えるが，人類はそのように全体のパイを何万年にもわたって拡大し続け，それが限界に達して現在の環境悪化や有限天然資源の枯渇を招いてきた点にも留意しなければならない．全体のパイを広げる成長戦略は，長期的には環境にしわ寄せがいく．これは持続可能な選択肢ではなく，あくまでその場しのぎの選択肢と見るべきであろう．パイを広げる方向に安易に逃げるのではなく，改革を行う際には当事者が向き合って議論し，本質的な解決策を見出すプロセスが必要になっている．

その中で，2018 年に水産の改革が国会で議論され，改正漁業法が成立した．当然ながら賛否両論が存在した．これをあらゆる角度から分析し，今回の水産の改革をめぐる議論の内容を深い次元で理解しようとするのが本書のねらいである．マスコミなどでは改革を手放しで賞賛する論調も散見されるが，改革によって弱者がさらに窮地に追い込まれていないか，生産者や消費者の利益に本当になるのかなど，確認しなければならない事項が多い点を浮き彫りにしたいと考えている．

本書は，以下の 12 章からなっている．

- 1 章：水産改革の経緯などを 2018 年当時水産庁長官であった長谷成人さんが解説．
- 2 章：水産改革への賛否両論について，第三者の立場で議論に間近で接してきた筆者が説明．
- 3 章：改正漁業法をどう評価すべきかについて，漁業法研究の専門家である三浦大介さんが議論．
- 4 章：地域研究の専門家で，資源と人類について追求している佐藤 仁さんが，環境を保全する上での中間集団（国家と個人の中間的な場所に存在する漁協などの組織）の重要性を議論．
- 5 章：改正前の日本の漁業管理はどのような特色があるのか，環境社会研究の専門家である石原広恵さんが説明．
- 6 章：漁業資源学の専門家である山川 卓さんが，欧米式の国家主導による漁業資源管理についてその仕組みなどを解説．
- 7 章：資源経済学の専門家である阪井裕太郎さんが，米国で漁業資源管理制度を実際にどのように運用しているのかを解説．
- 8 章：ノルウェーの漁業資源管理制度について，鈴木崇史さんが現地調査や文献調査を踏まえつつ，沿岸漁業と沖合漁業の管理の違いなどを説明．

・9 章：水産政策などの専門家である牧野光琢さんが，今回の漁業法改正を国際的な観点でどう評価できるかを議論.
・10 章：環境経済学や消費者行動学の専門家である大石太郎さんが，今回の改革は食卓にどう影響するのかを議論.
・11 章：改革が議論された 2018 年当時，日本を代表する漁業者団体である JF 全国漁業協同組合連合会の専務であった長屋信博さんが，当時の漁業者団体の考えや行動などを説明.
・終章：科学コミュニケーションを専門とする保坂直紀さんが筆者に質問を投げかけて，Q&A 形式で議論の応酬を行い，本書の内容全体について読者の理解を深めるための章.

以上の通り本書では水産改革について多様な分野の専門家が掘り下げて解説し，70 年ぶりの漁業法改正をめぐる議論を後世に残す目的を有している.

冒頭で，改革は会社や業界に体力があるうちに始める必要がある点を述べた．日本の水産業については，衰退イメージをもつ読者もいるかもしれないが，実は 2013 年から生産金額は増加に転じている．背景には，東日本大震災における放射能汚染のマイナスイメージから徐々にではあるが脱却し，また国際市場では中国などの購買能力が上がって水産物の単価が上昇したことなどがある．2018 年というタイミングは，水産業の改革を議論するうえでは良いタイミングであったように思われる.

改革については他の業界でも議論されることが多いなかで，本書は，表面的な議論に留まらず，そもそも改革とは何か，またグローバル社会の中での水産業の課題とは何か，読者がより深く理解できるように心がけて編集した.

八木信行

目　次

1章
水産政策の改革について

水産業をめぐる環境変化が激しい．その変化のひとつひとつを数えあげればきりがないが，多くの魚種の漁獲減の原因となっている水温上昇等気候変動の顕著化，周辺水域での外国漁船の操業活発化，人口減に伴う国内マーケットの縮小等の変化を見据え，子や孫の世代のためにも早く改革の種まきをしなければならない．そのためには，現場が新しいことにチャレンジするようマインドを変えることが何より重要であるが，チャレンジがしやすいようにリスク面の手当てを含め水産政策が後押ししていくことが重要である．

1．水産政策の改革の経緯について

水産関係の政策については，2001 年に水産基本法ができて以来，同法に基づき閣議決定される水産基本計画を 5 年に一度総点検し新たな閣議決定がなされてきた（**表 1-1**）．最新の水産基本計画は

表 1-1　漁業法改正をめぐる現状と今後

2001 年	水産基本法	
2017	水産基本計画見直し	
	農林水産業・地域の活力創造プランへの盛り込み	▶水産政策の改革の方向性
2018	農林水産業・地域の活力創造プランへの盛り込み	▶水産政策の改革について
	漁業法等の一部を改正する等の法律案提出	
	同年 12 月　公布	
2020	新漁業法等の施行	
2023	新法施行後，初の漁業権切替	

2017年4月に閣議決定されたが，その中で，それまでにはなかった書きぶりとして，「数量管理等による資源管理の充実や漁業の成長産業化等を強力に進めるために必要な施策について，関係法律の見直しを含め，引き続き検討を行う」との記述が置かれた．この時点ですでに各種の農政改革の動きが先行しており，同じ第1次産業，同じ農林水産省が所管する政策として，法改正を含め検討することになったものである．

その後，7月には思いもかけず水産庁長官を拝命することとなったが，2017年12月には，「水産政策の改革の方向性」が，続いて2018年6月には水産政策の改革の具体的な内容を定めた「水産政策の改革について」が「農林水産業・地域の活力創造プラン」（農林水産業・地域の活力創造本部決定）に盛り込まれた．

具体的には「水産政策の改革」においては，次のような改革を行うこととし，必要な法整備等を速やかに行うこととされた．

①新たな資源管理システムの構築
②漁業者の所得向上に資する流通構造の改革
③生産性の向上に資する漁業許可制度の見直し
④養殖・沿岸漁業の発展に資する海面利用制度の見直し
⑤水産政策の改革の方向性に合わせた漁業協同組合制度の見直し
⑥漁村の活性化と国境監視機能をはじめとする多面的機能の発揮

このうち，資源管理措置，漁業許可，漁業権などの漁業生産に関する基本的制度並びに漁業協同組合等に関する制度については2018年11月に「漁業法等の一部を改正する等の法律案」が国会に提出され，12月8日に成立，同月14日に公布された．なお，施行については，一部の規定を除き，公布の日から起算して2年を超えない範囲内において政令で定める日とされた．

2．検討に当たって考えたこと

改革のとりあえずの出口は，法律と予算になる．もちろんその後の法の運用，予算も活用した実際の取り組みこそが重要であるが，まず到達すべき目標としていかに法改正し必要な予算を獲得するかが課題となる．法改正については，水産業を成長産業とするとの政権の大目標に沿いながら，最終的に国会での多数の理解が得られなければならない．そのためには，なんといっても現場，浜の現実を踏まえながら「必要な」見直しを行わなければならない．また，予算については，通常であればなかなか困難な改革に必要な水産予算の拡充をこの機会に実現したいと考えた．

短期間での検討を求められることになったが，長年水産行政に携わり，多くの関係者と意見交換をさせていただく中で有していた問題意識を踏まえ，大日本水産会，全国漁業協同組合連合会，各業種別団体，都道府県の実務者等との腹合わせを行い検討を進めた．法改正を行う際の政治的な合意形成を図るためには，地元で国会議員と接触する機会の多い現場漁業者の意見を集約する関係団体との関係が重要となる．この点，長年にわたり国内の漁業調整問題，資源回復対策，燃油高騰問題，収入安定対策，構造改革，東日本大震災からの復興等様々な困難にともに対処してきた関係者が各所におられたことが幸いした．検討当初から「改革」を水産施策の充実に結び付ける好機と捉えるべきという状況認識について，多くの関係者と意識を共有できた，その土台こそが細部について詰めを行うことができ，とりあえずの出口にたどり着けた大きな要因だと考えている．

3．改革の６つの柱

(1) 新たな資源管理システムの構築

前述の通り水産政策については，これまでも5年に一度の水産基本計画の見直しを始め，様々な機会に論じられてきた．その中で，わが国の漁業生産量が最盛期(1984年)と比べて3分の1近くになっていることを取りあげ資源管理の失敗，水産政策の失敗と議論を展開する前置き部分にするような乱暴な主張があり，水産界の外から水産を見ている人との間では，この論調の悪影響を受けた先入観から議論が始まることが多くあった．

実際には，生産量減少の2大要因はマイワシの漁獲量減と遠洋漁業の縮小である．マイワシの漁獲増減は大変動をくり返すこの種独特のものであり，資源管理でこの減少をどうにかできる性格のものではない．また，遠洋漁業の縮小については歴史の必然と考えられる面が強い．

入庁当時（1981年）わが国は米国から140万トンもの漁獲割当を受けていたが，私はその対米交渉の部署に配属となった．200カイリ時代の到来で，今後わが国は遠洋漁業の長期撤退戦を遂行しなければならず，問題はいかに混乱を最小限に抑え，この撤退を進めるかだと当時上司から聞かされた自分としては，その後30年以上にわたり漸減した遠洋漁業の生産量を見ても想定の範囲内，それもまずまず妥当な道筋だったとの思いが強い．

そうはいっても，この2大要因を除いても生産量が漸減しているのは事実である．これについても，臨海部における藻場･干潟の消失，少量・多品種の魚が食卓に上りにくくなった流通・消費の変化，内海・内湾で指摘されることが多くなった海の栄養塩の不足など様々な要因の複合的な結果である．

一方で，マサバの太平洋系群の資源回復の成功で明らかになったように，管理をより適切に行っていれば水産資源をもっと高い水準に維持できたり，もっと早く回復できた事例があるのも事実である．

要は，センセーショナルな議論に振り回されることなく現実を見据え，様々なわが国水産業の経験を糧に，より適切な資源管理が行えるような見直しが「必要」であると感じていた．

検討の結果，資源の維持・回復について，科学的根拠に基づき，より適切な目標を掲げながら，その目標を何年かけてどのように実現していくのか，漁獲量の上限の数値（TAC）を大臣が諮問する水産政策審議会の前段階においても行政官，研究者，漁業者，加工業者等関係者がオープンな場で徹底して議論するという方針を打ち出すこととなった．

このような場で，合意を形成する場合に重要なのは，同じ資源を，同じ漁場または隣接する水域で漁獲する外国漁船の動向である．

わが国は領海と排他的経済水域（EEZ）を合わせた面積が世界第6位といいながら，実は外縁であるEEZの境界は画定しておらず，外国船の操業は近年非常に活発になっている．同一の水産資源を漁獲する隣接国・地域の漁船とは協調した資源管理の取り組みが必要となるが，領土問題等複雑な問題をかかえ簡単ではない．わが国が主張するEEZの中には，北方四島周辺水域，日韓暫定水域，日中暫定措置水域をはじめ，わが国の主権的権利を十全に行使できていない水域が存在する．近年大きな問題となっている北朝鮮漁船の操業については，北朝鮮との間に外交関係もなく話し合いのテーブルさえない状態である．

しかしながら，国内の漁業者に資源の維持・回復のために取り控えを納得してもらうためには，国際的な枠組みを通じた資源管理を徹底し，漁業取締体制も強化する姿勢を明確にすることが不可欠である．

国際交渉は相手があることであり，時間がかかるのも事実である．しかし，2019年7月の北太平洋漁業委員会（NPFC）の会議において，なんとかサンマについて漁獲量管理の方向性を打ち出すことができたように，今後も粘り強く取り組んでいく必要がある．その際には，科学的根拠に基づき，資源の持続的利用を図るという大原則により交渉することが重要である．特にNPFCのような地域漁業管理機関では同じ価値観を有する国々との連携，多数派形成が決定的に重要となる．

取締については，改革に取り組む中で，水産庁が有する取締船も実に55年ぶりに新増することができた．予算，船員の確保，そしてEEZの境界が未画定な中では外国漁船の取締自体に多くの困難が伴うが，海上保安庁とも連携して全体的に取締能力の向上を図っていかなければならない．

(2) 漁業者の所得向上に資する流通構造の改革

わが国が本格的な人口減少時代を迎えたことを踏まえ，拡大する海外マーケットを視野に入れて，産地市場の統合等により品質面・コスト面等で競争力のある流通構造を確立することが重要である．

また，罰則引き上げによる密漁対策とともに，違法漁獲物を流通から締め出すことを狙って漁獲証明制度についての法整備を改革の第2弾で取り組む方向を打ち出した．改革について浜の理解，共感を得ながら円滑に進めるためには，現場がもっとも困っているナマコなどについて先行的に取り組み，制度への理解を得ながら進めることが有効であると考えている．

(3) 生産性の向上に資する漁業許可制度の見直し

漁業許可制度[*1]については，漁業権制度[*2]ほど複雑な規定ではないものの，大臣レベルで2種類，知事レベルで2種類の許可漁業があるものを整理することにした．大臣許可のうち主要な漁業（指定漁業）については5年に一度の一斉更新をやめ新規許可の余裕が生じたときには，必要に応じて許可ができるようにするなど，全体的に柔軟な対応が可能となるよう見直しを行った．

さらに，漁船漁業において乗組員の確保が大きな課題になっている中で，若い人に魅力ある漁船漁業となるには，漁船の安全性，居住性，作業性を高めることが重要である．このため，資源管理や漁業種間のトラブル防止について国が責任をもって調整することを大前提に，必要な大型化が可能となるよう漁船のトン数規制について見直しができる方向を示したところである．

[*1] 漁業許可は，一般的に禁止された漁業を特定の者に対してその禁止を解除して，これを営む自由を得させる行政行為．漁業を営むとは，営利の目的をもって当該漁業を行うことをいう．これまでの漁業法の下では，大臣の許可が必要な①指定漁業，②特定大臣許可漁業と，知事の許可が必要な③法定知事許可漁業，④知事許可漁業の4種があった．

[*2] 漁業権は，行政庁（原則知事）の行政行為（免許）により設定される，一定の水面において特定の漁業を一定の期間排他的に営むことのできる権利．定置漁業権，区画漁業権および共同漁業権の3種がある．

(4) 養殖・沿岸漁業の発展に資する海面利用制度の見直し

定置漁業権*[3]や区画漁業権*[4]の免許において，漁協の優先順位が高く法定されていることについて，これが漁協による漁場の独占であり企業参入を難しくしているとして漁協批判をくり返す議論があった．しかし，沿岸の漁場は，多数の漁業者が多数の漁法により輻輳して利用しており，この複雑な権利調整において漁協が果たす役割は非常に大きい．また，企業参入については，実際に全国で地元の漁協と協調する事例が数多くある．

一方で，これまでの優先順位の規定はあまりに複雑難解であることも事実であり，東西南北，実に多種多様な沿岸漁業の実態に対して全国一律の優先順位が必ずしも適切でない面がある．そこで，実際に免許を受けている者が適切かつ有効に管理・行使している限り免許の切替のときに優先して免許されるという規定に改めることとした．

また，その判断をするためにも，権利を有する者は，その管理状況や行使状況を対外的にもっと説明できるようにすべきであるとの認識に基づき，年に一度の報告を義務とすることとした．

適切・有効の判断は，浜の常識に基づいて行われなければならない．このため，免許過程で大きな役割を果たすことになる海区漁業

---

*[3]　定置漁業権とは，定置漁業を営む権利．定置漁業とは，原則として，漁具を定置して営む漁業であって，身網の設置される最深部が最大高潮時において水深 27 m 以上のものをいう．北海道においてサケを主たる漁獲物とするものは，水深にかかわらず定置漁業とされるなどいくつかの例外有り．

*[4]　区画漁業権とは，区画漁業を営む権利．区画漁業とは，一定の区域内において営む養殖業をいう．

調整委員会については，農業委員会でも廃止された公選制*[5]は廃止するものの，従来通り漁業者・漁業従事者を主体とする性格を堅持するとともに，委員構成についてより柔軟な対応ができるようにした．

全国の漁場の行使状況は当然のことながら地域ごとに大きく違う．しかしながら，多くの漁場で漁業者の減少に伴い，漁場の行使状況が低下している現実がある．資源の来遊の変化も顕著になっている．2023年9月からの次期漁業権の切替において，この改革を水面の総合利用を図り漁業生産力を発展させるという漁業法の目的にもう一度真剣に立ち返るきっかけにしなければならない．

(5) 水産政策の改革の方向性に合わせた漁協制度の見直し

農協からの類推で考えられがちな（沿海地区）漁協だが，組合員の規模や信用事業ではなく販売事業が事業の柱であることなどの大きな違いを踏まえて検討を進めた．各地の漁協では，漁業者の所得に直結する様々な取り組みが行われている．そのような取り組みを後押しするため「水産業協同組合法（水協法）」に漁協の役割として漁業者の所得向上を明記するとともに，販売事業を行う漁協の理事に販売の実践的な能力をもつ者の登用を盛り込んだ．

また，これとは別に漁協が漁業権者で，企業を含む組合員が行使

---

*5　公選制とは，国・地方公共団体などの公職につく人を，任命によってではなく選挙により決める制度．漁業法の定めにより，都道府県には執行機関として，海区漁業調整委員会と内水面漁場管理委員会が置かれている．このうち海区漁業調整委員会の委員（基本15人）の中の漁業者および漁業従事者から選ばれる委員（基本9人）については公選制であった．選挙権および被選挙権については，住所や漁業を営んだり従事したりする日数等の要件が定められていた．漁業者とは，漁業を営む者をいい，漁業従事者とは，漁業者のために水産動植物の採捕または養殖に従事する者をいう．

者として漁協に支払う行使料や販売手数料等様々な形での漁協による金銭徴収が行われている．これらについて合理性をもった積算根拠が示されることが重要である．そのことが漁協制度や漁業権制度についての社会的理解を高めることにつながることから今後の漁協関係者の取り組みに期待している．

さらに，せっかくの水協法の改正の機会であったので，内水面漁協の組合員資格の規定について改正をした．近年内水面漁協では組合員の高齢化や減少，これに伴う漁業活動の縮小や資源の増殖活動の低下等に伴う釣り人の減少，そして，そのことによる遊漁料収入の減少に直面している．このため，湖沼漁協の組合員資格を河川漁協と同じにする（漁業を営みまたは従事する日数ではなく採捕または養殖する日数を要件とする）とともに，採捕等の日数だけでなく放流や産卵場造成等の増殖活動の日数も組合員資格の日数要件に加えた．

(6) 漁村の活性化と国境監視機能をはじめとする多面的機能の発揮

水産政策は常に産業政策と地域政策のバランスの中にある．このため産業政策を重視する者と地域政策を重視する者の両側からの批判を受けることになるのは避けられない．

今回の改革は水産業の成長産業化を目指すとする点で産業政策的な色合いが強く感じられるかもしれないが，資源管理にせよ，海面利用制度の見直しにせよ，究極は浜の漁業，浜の雇用をいかに確保するかという点で地域政策でもある．

国境監視など多面的機能に着目した施策は，より地域政策的色合いが強い柱となる．北朝鮮漁船の漂着などは望ましい事態ではないが，全国の浜に漁村，漁業があることの重要性について国民的理解を得る良いきっかけではあると思う．それぞれの漁業がより儲かり自律的に再生産されることが理想であるが，食料供給だけではなく，漁業の他の機能にも着目してその活動を財政的に支援していくことが少なくとも当面重要との認識のもとでこのような柱建てをしたものである．

検討の結果，漁業法の中で，新たにこのような機能が将来にわたって適切かつ十分に発揮されるよう十分配慮するものとするとの規定が置かれたところである．この規定をも根拠に，限られた全体予算の中ではあるが，関連予算を確保していくことが重要である．

4. おわりに

2020 年内には新漁業法等の施行，その後の 2023 年には新法施行後初の漁業権の切替がある．それらに向けて現場を見据えたリアリズムで実のある改革が実行され，厳しい環境変化に耐えて，わが国水産が発展していくことを念願している．（長谷成人）

2章
2018年漁業法改正をめぐる多様な意見

1．70年ぶりの漁業法抜本改正

2018年12月，「漁業法等の一部を改正する法律」が国会で可決された．そして2019年から2020年にかけて法律の細かい運用を示す農林水産省令を策定する作業を政府がさらに行い，2020年中に法律が施行されることになった．今回の改正は，1949年に制定された「漁業法」の70年ぶりの抜本改正となる．本章はこの要点を説明することを第1の趣旨としている．

あわせて本章では漁業法改正をめぐる賛否両論を記述し，漁業法改正をめぐる多様な見方が存在している点を紹介することを第2の趣旨としている．実際，この法改正をめぐっては，法案提出の前から水産関係の学会などを含めて様々な場所で賛否両論が表明された．例えば，漁業経済学会は，2018年6月2日に東京で開催したシンポジウムに出席した有志50人が反対声明を発表している[*1]．また日本水産学会も2018年12月1日に意見を表明し，「今改革しなければ将来がないと考えられるものが含まれる一方で，事実の積み上げによる検証が不十分で実態にそぐわない事柄，効果的な改革に必要と考えられるが検討から抜け落ちている事柄が散見される」などと述べている[*2]．

---

*1　http://www.suikei.co.jp/ 漁業経済学会有志50人が改革に反対声明を発表

*2　https://www.miyagi.kopas.co.jp/JSFS/COM/14-PDF/14-20181203.pdf

国会でも，2018 年 11 月から 12 月にかけて改正法案が審議された際には野党から強い反対意見の表明があった．これら意見は本章の後段で具体的に紹介するが，根本的な問題意識として「沿岸漁業を経済合理性で自由にして本当に良いのか」との疑問や，「現場の意見をまったく聞いていない」などの批判があった点は広く知られている*[3]．筆者も同年 11 月 26 日の衆議院農林水産委員会に参考人として出席し，議論の白熱ぶりを直接目にしている*[4]．なお，筆者は委員会で法案に賛成の立場から意見を述べたが，本章では中立的な記録を残すことを主眼として，幅広い意見を記述するよう注力した．

2．改正漁業法の 2 大要点

今回の改正は漁業法の多くの部分に手が入る極めて大がかりなものであるが，本章はその全体としての評価を行うことはせず，これは 3 章で触れることとする．また，改正の経緯についても 1 章で説明があるためこの章では触れない．この章では，マスコミ等でも頻繁に取りあげられる法改正の 2 つの要点に絞って，掘り下げた議論を行うこととする．

1 つめの要点は，漁業権（特に養殖と定置の漁業権）を都道府県知事が免許する際の優先順位制度を撤廃し，漁場が「適切かつ有効に」利用されていない場合には「漁業者または漁業従事者」以外の人にも免許を与えやすくした点である．2 つめの要点は，「準備の

---

*[3] https://www.nikkei.com/article/DGXMZO38245130X21C18A1PP8000/

*[4] http://www.shugiin.go.jp/Internet/itdb_kaigiroku.nsf/html/kaigiroku/000919720181126008.htm

整った」漁業種については漁船隻数の制限や操業できる漁場の制限などの従来型の管理に加えて「船舶等ごとの漁獲割当」を導入する点である.

その他，今回の改正では，例えば，漁業者以外による密漁を防止するため罰則の金額を大幅に引き上げて最大で3千万円とすることや，国および都道府県が漁業・漁村の多面的機能の発揮に配慮すること，さらには海区漁業調整委員会の公選制を廃止し知事の任命制とすることなどが決まったが，ここではあえて議論を割愛する.

3．漁業権と漁業法

改正の1つめの要点は，漁業権漁業への参入規制の緩和であるが，この内容に入る前に，まず漁業権と漁業法に関する基本的な知識をおさらいしたい．日本では，東京湾の湾奥など一部を除いて，現在もほとんどの沿岸海域に漁業権が設定されている．これは沿岸地域の漁業者などが優先的に漁業や養殖業のために海面を利用できる場所で，その場所の範囲は都道府県によって異なるが，概ね岸から数km以内の海域であり，場所ごとに境界線は明確に設定されている．これを設定する根拠となっているのが漁業法である.

そもそも漁業権とは，江戸時代以前から続いてきた日本の沿岸管理の手法であり，資源を利用する者に政府が資源の利用権を付与する代わりに，資源の利用者がその管理や保全の責任を負う仕組みである．つまり，①政府は，集落の前浜の資源を管理する権限を地元集落に移譲し，よそ者による漁獲を排除する，すると②その集落では，資源管理を通じて資源を未来に残し子孫の繁栄につなげようとする動機(インセンティブ)が生まれるため，熱心に漁業を管理する，

③政府から漁業者に配分されているのは漁獲枠ではなく漁場を利用する権利であるため，漁場環境を漁業者が率先して保全するインセンティブも生まれ，森川海の保全を意識した魚付林の植樹や保全など，地域社会の環境保全にもメリットがある，④政府としては，資源管理方針の策定や，密漁者の見張りなどの監視作業をその集落でやってくれるので，役人の数を減らすことができて小さな政府を達成できる，という方式といえる．政府にもメリットがあり，漁業者もメリットがあり，地域社会もメリットがあるという，いわば「三方良し」の構図になっている．

現在でも漁業法は新規参入を規制する政府の免許制度で部外者の介入を排除して，集落の住民が自主管理をする仕組みを有しており，これは官民一体となった漁業の「共同管理」（英語では co-management と呼ぶ）の好例として国際的にも評価されている[*5]．というのも欧米では，政府が漁業者の行動を直接細かく制限する方式の漁業管理が普通で，そうすると政府と漁業者が対立的な立場に置かれ，政府が号令をかけても漁業者がルールを遵守しないという問題がときに先鋭化する．これに対して日本では，官民で管理のビジョンを共有してルールが策定され，そのルールが遵守されるといった取り組みになっている．欧米人からすれば，政府と漁業者が協調関係を保って「共同管理」を行っている日本の方式は模範的な

*5　日本漁業の共同管理を評価する論文としては，Ruddle（1987），Kalland（1990），Yamamoto（1995），Makino and Matsuda（2005），Makino（2011），Yagi et al.（2012），Delaney and Yagi（2017），Mizuta and Vlachopoulou（2017）などがある．また日本漁業を直接の題材にはしていないが co-management の有効性を認める論文としては Pomeroy and Berkes（1997），Jentoft（2000），Berkes（2003），Plummer and Armitage（2007），Schultz et al.（2011）などがある．

事例に映る．実際，各国の漁業パフォーマンスを国際比較した研究では，日本の漁業もアイスランド，米国，ノルウェー漁業などに次いで上位にランクされている（Anderson et al., 2015）分析例もある．

4．オストロム教授の教え

2009年10月にノーベル経済学賞を受賞したインディアナ大学のオストロム教授は，漁業者など当事者による自主的な資源管理の重要性を解明する一連の研究を行い，地域の自主管理で100年以上にわたり共有資源の維持に成功している例が世界に多数存在していることを見出している（Ostrom，2005）．詳しい解説は5章に譲るが，簡単にいえば，オストロム教授は，世界各地の共有資源の利用形態を検証し，成功した資源管理を実施している組織の共通点として，管理区域の境界線がしっかり画定されていること，管理区域内の資源利用者の間での利益配分が公正に行われていること，管理に関する意思決定に資源の利用者が参加していること，相互監視があり違反者へのペナルティーは違反回数が増えるごとに上がっていく仕組みがあること，部外者による資源収奪を排除する仕組みがあること，管理の組織は重層的になっている（つまり総会があってその下に部会があるなどの）構造があること，といった特色があると指摘している．日本の漁業権管理も，このような条件にまさに当てはまっている．

実際，FAO（国連食糧農業機関）などでも日本の方式は肯定的に評価され，他のアジア・アフリカ諸国の見本とすべきだとの議論が以前からなされている．日本をはじめ，アジアの近海は世界の中でもっとも生物多様性が高い海域で，漁獲される魚の種類が多種多様という特徴がある．さらには食料を自給する目的で（つまり輸出目的ではない）漁業を長年行ってきた歴史があるため，小型漁船の数が多く，陸揚げ港も多いとの特色も有している．このような漁業を適切に管理するためには政府は相応の数の取締要員をそろえる必要があるが，現状では漁業権制度によってこのかなりの部分を地域社会や漁業協同組合が肩代わりしている状況になっている．政府の立場からも，日本の共同管理方式は費用対効果の高い仕組みとして評価することができる．実際，JICA が他のアジア・アフリカ諸国で漁業管理プロジェクトを実施する際に，漁業協同組合をまず設立しようと試みるが，これは予算の乏しいこれらの国で費用対効果の高い仕組みを構築したいからである．

5．改正の要点

(1) 漁業権漁業への参入規制の緩和（改正の要点 1）

前置きが長くなったが，続いて改正の要点を紹介する．改正前の漁業法においては，漁業権には，①定置漁業権（定置漁業を営む漁業権），②区画漁業権（水産動植物の養殖業を営む漁業権），③共同漁業権（区域内の水面を共同に利用して営む権利で，漁獲漁業や採貝採藻などが相当する）の 3 つが存在していた．この基本的な仕組みは，今回の改正漁業法でも踏襲されている．おそらく法案の立案者も，この基本にまで手を加えると，国内だけでなく，国際的にも異論が出ると踏んだのであろう．

しかしながらそのうえで，今回の改正では，養殖業と定置漁業への民間企業参入がしやすくなるように法律のテキストを変更した．従来の漁業法では，養殖業や定置漁業は知事から免許を受けるべき者の優先順位が明記されており，例えば養殖業の場合，具体的には，第1位が漁業者または漁業従事者，第2位が前項に掲げる者以外の者とされていた．さらに，同じ順位である場合，漁民であること，地元地区内に住居を有すること，漁業の経験があることなど，優先度が高くなる条件が細かく法律に書き込まれていた．

今回の改正では，この優先順位の記述は一切削除された．

全国一律の優先順位基準の下では，地域の実情に合わせて柔軟な対応がしにくくなる．全国には，水温や海流などの差で魚介類の生育に適した場所とそうでない場所がある．その中で，条件が不利な場所も有利な場所と同じように厳しく免許の優先順位を設定すると，条件不利水域では，離職者が多く出るおそれも懸念される．今までの漁業法は人口が増加するという環境の中で新規参入者を排除するという発想であったが，今後人口が減少する中ではある程度積極的に参入を認めよう，という発想の転換が認められる．

今回の改正漁業法では，優先順位を削除した代わり，次のような仕組みを構築した．すなわち同一の漁業権について免許の申請が複数あるときは，都道府県知事は「漁場を適切かつ有効に活用していると認められる」者に免許をし，これ以外の場合は「地域の水産業の発展に最も寄与すると認められる者」に免許をする（73条）というものである．

A. 漁業権漁業への参入規制緩和に対する賛否両論　参入規制の緩和については賛否両論が存在する．主要な論点としては，**表2-1**の内容を挙げることができる．

すなわち，民間企業参入は既得権に風穴を開けて新しい付加価値をもたらす可能性があるとの議論がある一方で，それを行っても利

表 2-1　養殖業等への民間企業参入に対する賛否両論

養殖業等への民間企業参入に**賛成**	養殖業等への民間企業参入に**反対**
過疎化や高齢化などで空いている漁場に企業が参入すれば，漁場の有効活用になる.	漁場条件が良いところしか企業は参入しないだろう．そして国際市況の変化などで収益が悪化すればすぐ撤退.
民間企業の方が，販売チャンネルや，新商品の開発能力があるので付加価値が高められるだろう.	地元の浜と，東京等の本社との利益配分が問題．民間企業は利益の多くを本社にもっていってしまうだろう.
漁業権は既得権なので撤廃が望ましい.	撤廃すると外資などが入り，日本人が自国の資源を管理できなくなる.

益配分が適切に行われずに東京等の本社だけが潤い沿岸漁村地域がかえって疲弊するなどの議論が存在している.

実際に国会などでの議論でも，「適切かつ有効」，「地域の水産業の発展にもっとも寄与する」という基準が明確ではなく，都道府県知事の判断次第で漁業者以外の大企業などを直接免許でどんどん新規参入させるのではないか，といった趣旨の反対意見も多かった.衆議院本会議でも，「攻めの農林水産だ，成長産業化だといって，地域で相互に助け合いながら暮らしを成り立たせてきた人やそのコミュニティー，かけがえのない地域資源を，むき出しの市場原理や競争原理にさらし，生産性がないとか意欲がないなどと決めつけにかかり，非効率とするものを全て合理化の名のもとに一掃するこの向きを否定しきれないのが今の農林水産行政です*6」といった意見もあった.

確かに，条件が有利な場所で何十年も定置漁業や養殖業が継続して営まれているところに，横から新規参入者が入ろうとするとトラ

*6　平成 30 年 11 月 15 日の衆議院本会議における国民民主党緑川貴士議員による発言（https://kokkai.ndl.go.jp/#/detail?minId=119705254X00620181115¤t=1）

ブルになる．また環境面でも，横から新規参入者が5年後に入ってくるかもしれない状況になれば，現在の漁場使用者がその場所の漁場環境を守ろうとする動機が萎えてしまう可能性もある．このような事態は避けるべきとの議論には，合理性がある．

ただし，改正漁業法の他の条項では，免許の申請があったときには都道府県知事は，海区漁業調整委員会の意見を聞く必要があること（70条），また漁業権を設定する前段階である「海区漁場計画」を作成する際にも都道府県知事は海区漁業調整委員会などの意見を聞く必要があること（64条）といった規定があるため，都道府県知事が独断で一方的な決定を行う余地はあまりないようにも見受けられる．

B. 共同管理の継続と地域経済の発展　いずれにせよ，今後は，「適切かつ有効」，「地域の水産業の発展に最も寄与する」という基準を政府が明確化したうえで，政府と漁業者が協調関係を保った「共同管理」の伝統を継続させつつ，同時に地域経済の発展も達成させることが重要であろう．伝統の継続は社会秩序の維持であり定常時にはビジネスのコストを下げるが，時代が変化している局面では伝統継続にこだわりすぎると逆にビジネスチャンスを失うことになりかねない．時流の局面を見ながらも，政府と漁業者が的確な判断を下すことが今後も課題となっている．

オストロム教授は，地域の当事者による自主的な努力で共有資源の管理に成功している場所で政府が見当違いの介入を行えば，長年にわたり築かれた制度的資本（漁協管理の体系や，政府と漁業者の協力関係などを指す）を崩壊させる結果につながると警告している．改正漁業法の運用局面では，漁業者と政府の間の不要な対立は避け，数百年にわたって築かれてきた日本沿岸漁業の制度的資本を崩壊させないようにすることが重要である.

(2) 船舶ごとの漁獲割当（改正の要点 2）

続いて2つめの改正の要点である船舶ごとの漁獲割当を説明したい. ここでも, 改正の内容に入る前に, まず漁業管理に関する基本的な知識をおさらいする.

先に, 沿岸での漁業権漁業はオストロム型管理の好例であり, 世界的にも評価が高いことを述べた. しかし沖合漁業（漁業権が設定されている沿岸海域よりも沖合で操業している漁業）ではこれは当てはまらない. オストロム型管理が成立する条件の1つである「管理区域の境界線がしっかり画定されていること」が沖合漁業で成立することが通常は難しいためである. 沿岸では都道府県知事が漁業権の海域を明確に設定していることは先に述べた. 沖合漁場でも都道府県知事は許可している漁船の操業区域を明確に定めるのが普通であるが, 漁場によっては他県の漁船との入会を認めている場所もあり, 漁場の境界線がしっかり確定されていない状況も場合によっては発生する.

その中で政府と漁業者はどうしてきたのか. そもそも乱獲を避けるためには, ①漁獲対象の「魚の資源量」を管理する, ②漁船や漁具などが大きくなりすぎないよう「漁獲能力」を管理する, ③漁業を行おうとする「人間組織」を管理する, ④「漁場環境」を良好に保つように漁場環境を保全し生態系のつながりを管理するなど, いろいろな手法が考えられる. 日本では数百年にわたって「漁獲能力」, 「人間組織」, 「漁場環境」が管理の中心であった.

現在でも, 政府が許可の総数を絞り, 漁船のトン数や馬力を制限することで「漁獲能力」を管理する手法が続いている．また，全国まき網漁業協会，全国底曳網漁業連合会，全国いか釣り漁業協会，全国さんま棒受網漁業協同組合などの漁業者団体が操業の調整を行うことで，「人間組織」を管理する手法も続いている．官民で管理のビジョンを共有してルールを策定し，政府と漁業者が協調関係を保って「共同管理」を行う発想は，沿岸漁業から発展したものであろう．

一方，欧米では「魚の資源量」を管理しようとする手法が選択されている．特に1980年代以降の先進国では，海洋調査の能力が高まったこともあり，「魚の資源量」を管理することが技術的にもある程度できるようになってきた．この理論的な詳細については6～8章に譲るが，最近の状況では，この欧米スタンダードともいえる手法でマグロ漁業などの国際的な漁業管理がなされている．

今回の改正漁業法では，今後は欧米と同様に「魚の資源量」を管理する方式をこれからメインの管理手法とすることとし，年間の総漁獲可能量TAC（Total Allowable Catch）を科学的に計算して管理することを基本とする方向とした．日本でもTACは，今回漁業法を改正する以前の1990年代から一部で採用されており，現在は8種類の漁業資源（マイワシ，アジ，サバ，サンマ，スケトウダラ，ズワイガニ，スルメイカ，クロマグロ）が対象となっているが，今後は対象魚種が増える予定である．

加えて今回の改正漁業法では，TACをさらに細かく漁船等ごとに配分して漁獲量の管理を行うこととした．これは国際的には個別割当制度，すなわちIQ（Individual Quota）と呼ばれている制度であり，最近では欧米で複数の国が採用している．日本もこれに追随する方向で，今回，制度を改正したことになる．

A. 沖合漁船大型化の余地　IQ を導入した大臣許可漁業については，漁船のトン数制限など撤廃し，大型船でより効率的な操業が行えるようにすることが将来可能となった（改正漁業法 43 条）．この点は，大臣許可漁業の一部を効率的な操業とし，国際競争力を上げる道を示した内容と解釈できる．

実際，三陸沖などの好漁場では，わが国の排他的経済水域の外側ギリギリで外国の漁船が操業しており，その外国漁船のサイズが日本漁船より数段大型であるといった問題もある．漁船が小型であれば漁獲物の積載量が限定され，荒天下で安全な操業ができないなどのハンデも生じる．水産物は国際商材であり，国際市場において外国の大型漁船が効率的に漁獲した漁獲物と価格競争を余儀なくされる場合，小型の日本漁船は効率面で不利になる．日本漁船も一定の条件下で大型化を認めることは時代の流れに沿っている．ただし，日本国内で大型漁船が一度に大量の魚を水揚げすれば受け入れる漁港や加工場が処理できず，魚の単価が下がるとの懸念も表明されている．加工場と漁船で綿密な連携をとることで，このような事態を回避できる可能性があるため，このような沖と陸のマッチングは今後の一つの課題であるといえる．

なお，漁船を大型化して過剰漁獲に陥らないのかとの懸念もあろうが，それを防ぐためにIQ を導入しているため，その懸念は当たらないだろう．

B. 船舶ごとの漁獲割当をめぐる賛否両論　この改正についても賛否両論が存在する．主要な論点としては，**表 2-2** の内容を挙げることができる．

表2-2　船舶ごとの漁獲割当に対する賛否両論

船舶ごとの漁獲割当に**賛成**	船舶ごとの漁獲割当に**反対**
政府がトップダウンで資源管理をして，現場を強くコントロールすると全体のガバナンスが向上するだろう．	漁船数が多い国では，政府は現場の細かい管理は無理．ボトムアップに慣れた日本の利点を活用すべき．
TACやIQを今より多くの魚種に適用すれば，科学に基づく資源管理を強化することになるので資源の保全や維持がしやすいだろう．	TACやIQは2年前に行った科学調査を元にして本年の漁獲割当を決定する方式なので，頼りすぎるのは危険．現場の感覚も重視すべき．
目標値を設定した科学的な資源管理をすると，西洋社会には説明しやすくなるだろう．	自然環境は絶えず変動するので目標値を設定するよりも順応的に管理をする現状の方が合理的．

すなわち，科学に基づく中央政府からのトップダウンをよしとする意見と，科学に不確実性が存在する中では現場の感覚を重視すべきとする意見の対立であるように見える．

国会でも，科学データに不確実性が多い中でTACの量を適切に計算することは難しいといった批判もあった．例えば，2018年11月15日の衆議院本会議でも，「漁獲可能量による水産資源管理を行い，最大持続生産量を持続するという，いわゆるMSYの概念は，専門の科学者によれば，自然界と隔離された金魚鉢の中だけで成り立つ論理であり，自然界での水産資源の増減は，人間が行う漁獲量だけではなく，気象の変動や海況の変動等により大きく影響される*7」といった意見も表明されている．

また，西欧の生物多様性が低い海域ではよいが，生物多様性の高いアジアの海域（日本も含む）ではTACの対象魚種の数が多くなりすぎて運用が難しいとの否定的な意見，さらには欧米からも評価

*7　衆議院本会議における立憲民主党神谷裕議員による発言（https://kokkai.ndl.go.jp/#/detail?minId=119705254X00620181115¤t=1）

の高い日本の伝統的な共同管理を捨てるのであればこれは浅はかな考えだといった反発などもある．政府も漁業法の細かい運用ルールを設定する際には，漁業関係者などとの合意形成を重視して柔軟な対応を検討する必要が生じている．

今回の改正では，IQは「準備の整っていない」漁業種では実施されないことが改正漁業法で規定されている（8条）.「準備の整った」状態かどうかを判断する基準は法律には書いておらず，今後，農林水産省令などでこれを明確にさせる課題が存在している．

6．漁獲割当は市場で売買できるようになったのか

諸外国の中には，IQを市場で売買対象にすることができる制度を有する国もある．この制度を，譲渡可能個別割当制度，すなわちITQ（Individual Transferable Quota）と呼ぶ．2014年に水産庁が設置した「資源管理のあり方検討会」では，IQについては，譲渡性を付与しないとの前提のもとで，さらに導入拡大の可能性を検討すべきと結論づけた一方で，ITQについては時期尚早との結論になっていた．

この背景には，ITQは国際的にも賛否両論が存在することが挙げられる．ITQの反対意見は，資本力のある一部の漁業者に割当量が集中してしまい，社会的な公平性が損なわれるというものである．一方で賛成派は，経済効率が向上するとの主張である．諸外国も，この両者，すなわち社会的公平性と経済効率の双方のバランスをどう保つかで頭を悩ませている実態がある．

今回の改正漁業法では，「漁獲割当割合」は，国や都道府県の許可を得たうえで，船舶等とともに譲渡が可能になっている．市場で

自由に売買できないという意味ではITQではないが，今後法律を運用して譲渡を許可する段階では，社会的公平性と経済効率の双方のバランスを保つことが重要な課題として浮上するであろう．譲渡がなされる際には，割当割合や割当量の集中や独占が生じないような運用を行うことが課題となる．また，米国など各国で，外国資本の比率が高い企業に漁獲割当が渡らないような仕組みを導入している．日本も同様の仕組みを議論すべき時期になっているといえる．

7. 真の国際スタンダードとは

最後に，今回の法改正が国際スタンダードといえるのかに触れたい．これについては9章でも触れるが，本章では筆者の経験を交えて議論する．

2019年11月，ローマのFAO本部で「漁業の持続可能性に関するシンポジウム FAO International Symposium on Fisheries Sustainability」が開催された[*8]．このシンポジウムは世界の水産関係者の主要なプレーヤー100名程度をパネリストや講演者として招いて開催したもので，聴講者も含めると1000人程度を集めた．これほど大きな国際シンポジウムは，水産の世界では国際学会を含めて10年に一度あるかどうかといったレベルの会議である．筆者もパネリストとして招待され出席したが，家族経営の小規模な漁業者の権利を政府やNGOがどう守るべきかとの議論も多くみられた．

---

*8　http://www.fao.org/about/meetings/sustainable-fisheries-symposium/en/
http://www.fao.org/about/meetings/sustainable-fisheriessymposium/speakers-and-panelists/en/

FAOは，もともと貧困の撲滅などを目標として掲げており，最近では，地域に根ざした伝統的な農業や漁業をグローバリズムの中でどう保全するかを重点課題としている．実際FAOは2015年の『小規模漁業に関するガイドライン Voluntary Guidelines for Securing Sustainable Small-Scale Fisheries in the Context of Food Security and Poverty Eradication』でも，各国の政策決定には生産者などが関与することを推奨している（第5条15項）．筆者はこのガイドラインを策定するための専門家でもあったが，ここでもFAO事務局が家族経営の小規模な事業者の権利を守る作業にかなり力を入れていたことを経験している．

今回の漁業法改正は，FAOなどでも注目されている．これまでIQ制度を導入しているのは北欧などの生物多様性が少ない海域で操業する漁船をもつ国（したがってTACの対象魚種も必然的に少なくなる国）であるなか，多種多様な魚を対象として多くの小型漁船をかかえる日本（日本の漁船数はノルウェーの漁船数の20倍以上）がIQ制度を本格導入するとすれば，これは世界に類を見ない新しいチャレンジとなるからである．日本がこのチャレンジにどう取り組むのか，国際的にも注目が集まっている．IQは，本来的には小型漁船は不利になる（つまり大型漁船を有していれば魚群を追いかけて安定した操業ができるが，小型漁船は行動範囲が限定されるため，魚群が回遊してくるかどうかで好不漁が分かれてしまう）なか，この問題をどう解決するかが注目されているのである．実はIQの先進国である米国やノルウェーもこの点は苦慮している様子がある．詳細は7章と8章に譲るが，小規模漁業者の問題をめぐる議論は今後も世界から注目を受けることが予想される．

2015年に国連で採択された「持続可能な開発目標 SDGs」では，「社会で置いてけぼりになる人間を1人も出さないこと No one will be left behind」という理念がその基本になっている．今回の漁業法改正でも，この理念を尊重しながら，小規模漁業者の権利を損ねることがないよう持続可能な環境・社会・経済を実現することが重要な課題である．（八木信行）

文　献

Anderson JL et al.（2015）. The fishery performance indicators: A management tool for triple bottom line outcomes. *PLoS ONE* 10（5）: e0122809. doi:10.1371/journal.pone.0122809

Berkes F.（2003）. Alternatives to conventional management: lessons from small-scale fisheries. *Environments* 31（1）: 5-20.

Delaney A, Yagi N.（2017）. Implementing the small-scale fisheries guidelines: lessons from Japan. In: Jentoft S. et al.（eds.）. *The Small-scale Fisheries Guidelines, MARE Publication Series* 14. Springer International Publishing AG, 313-332.

Jentoft S.（2000）. The community: a missing link of fisheries management. *Marine Policy* 24: 53-59.

Kalland A.（1990）. Sea tenure and the Japanese experience: Resource management in coastal fisheries. In: Eyal Ben-Ari et al.（eds.）. *Unwrapping Japan: Society and Culture in Anthropological Perspective*. Manchester University Press, 188- 204.

Makino M.（2011）. *Fisheries Management in Japan: Its Institutional Features and Case Studies*. Springer. https://doi.org/10.1007/978-94-007-1777-0

Makino M, Matsuda H.（2005）. Co-management in Japanese coastal fishery: It's institutional features and transaction cost. *Marine Policy* 29: 441-450.

Mizuta DD, Vlachopoulou EI.（2017）. Satoumi concept illustrated by sustainable bottom-up initiatives of Japanese Fisheries Cooperative Associations. *Marine Policy* 78: 143-149.

Ostrom E.（2005）. *Understanding Institutional Diversity*. Princeton University Press.

Plummer R, Armitage D.（2007）. A resilience-based framework for evaluating adaptive co-management: Linking ecology, economics and society in a complex world. *Ecological Economics* 61: 62-74.

Pomeroy RS, Berkes F.（1997）. Two to tango: the role of government in fisheries co-management. *Marine Policy* 21（5）: 465-480.

Ruddle K.（1987）. Administration and conflict management in Japanese coastal fisheries. FAO Fisheries Technical Paper 273, FAO.

Schultz L, Duit A, Folke C.（2011）. Participation, adaptive co-management, and management performance in the world network of biosphere reserves. *World Development* 39（4）: 662-671.

Yagi N, Clark M, Anderson LG, Arnason R, Metzner R.（2012）. Applicability of ITQs in Japanese fisheries: a comparison of rights based fisheries management in Iceland, Japan, and United States. *Marine Policy* 36: 241-245.

Yamamoto T.（1995）. Development of a community-based fishery management system in Japan. *Marine Resource Economics* 10（1）: 21-34.

3章
国内法の観点から見た漁業法改正の評価

1．改正法の趣旨－目的規定から

2018年12月に成立した「漁業法等の一部を改正する法律」（平成30年12月14日法律第95号）は，実に70年ぶりとなる漁業法の抜本改正をなすものである．その柱は「水産資源の保存及び管理」において新たな資源管理システムを構築すること（改正法第6章（以下特にことわりのない限り，章や条文等は改正法を指す．）），「許可漁業」について生産性の向上に資するため制度を見直すこと（第5章），「漁業権及び沿岸漁場管理」に関し，養殖業・沿岸漁業の発展に資するために海面利用制度を見直すこと（第2章）であり，他に本法の「運用上の配慮」として，漁村の活性化と漁業・漁村の多面的機能を発揮させるよう配慮する旨規定し（174条），「海区漁業調整委員会」の委員選出方法の変更（138条），さらには密漁対策として「罰則の強化」を図る（189条）等の手当てを行った（水産庁，2019）*[1]．

今次の改正を「抜本改正」と形容することについては，1条の目的規定の変容ぶりからしても適切であるといえよう．

改正前1条は，「この法律は，漁業生産に関する基本的制度を定め，

---

*[1]　法案段階のものであるが，改正法の要点につき水産庁「水産政策の改革について」（水産庁webページ・2019，https://www.jfa.maff.go.jp/j/kikaku/kaikaku/attach/pdf/suisankaikaku-18.pdf）11頁参照．

漁業者及び漁業従事者を主体とする漁業調整機構の運用によつて水面を総合的に利用し，もつて漁業生産力を発展させ，あわせて漁業の民主化を図ることを目的とする.」としていた.

これに対して改正法は,「この法律は，漁業が国民に対して水産物を供給する使命を有し，かつ，漁業者の秩序ある生産活動がその使命の実現に不可欠であることに鑑み，水産資源の保存及び管理のための措置並びに漁業の許可及び免許に関する制度その他の漁業生産に関する基本的制度を定めることにより，水産資源の持続的な利用を確保するとともに，水面の総合的な利用を図り，もつて漁業生産力を発展させることを目的とする.」と規定した.

この大きな変わり様の中に，漁業生産力の発展という究極目的の達成に向け，国連 SDGs（目標 14）に係る 21 世紀的課題として重要な，その意味でも改正の主旨として位置づけられるべき「水産資源の持続的利用の確保」を，従前の水産資源の保存・管理，許可漁業・漁業免許に係る仕組みを改めることで実現する意思を見出すことができる.

さて，わが国の漁業環境には，水産資源と漁業生産力の減少，あわせて漁業従事者の減少と高齢化という，根源的でありかつ喫緊の課題があり，今次の改正はこうした課題の解決を目指したものとしたものということになる．改正法 1 条は，漁業には「国民に対する水産物の供給という使命」があることをあえて規定し,「漁業の公益的性格」を表した．それ自体は自明のことであるとしても,「水産動植物を採捕又は養殖し，販売することを繰り返すことによって利潤を得る一連の行為のうち，現実に沖等に行って水産動植物を採捕又は養殖する部分をいう」と解説されてきた，改正前の規定で前面に出ていた「漁業生産」の概念（漁業法研究会，2008），この漁業者の通常の営みを，改正法は「漁業の有する公益的使命」と関連付けたといえよう．

なお，漁業法は内水面漁業にも適用されるが，本稿では海域における漁業制度を念頭に，以下，改正法の評価を試みる．

2．漁業権制度改革

(1) 優先順位制の廃止

まずは漁業権に関する改正であるが，改正法はいわゆる「優先順位」制（改正前 15 条以下）を廃止した．漁業権設定に係る優先順位が法定されていたので，漁業権の更新や新規の漁業権を設定する際，誰に当該漁業権を設定するかについては，地元漁協を中心に硬直的な運用がなされていた（小松・有薗，2017）．そこに都道府県知事の判断の自由，すなわち行政庁たる知事の「裁量権」はほとんどなかったのであるが，改正法は，同一の漁業権について複数の申請があったとき，漁業権存続期間の満了に際し，漁場の位置･区域･漁業の種類が当該満了する漁業権と概ね等しいと認められるものとして設定される漁業権につき，当該満了漁業権を有する者（既存漁業権者）が申請した場合，その既存漁業権者が当該漁場を「適切かつ有効」に活用していると認められる場合には，その者に免許を（73 条 2 項 1 号），それ以外の場合には，免許の内容たる漁業による漁業生産の増大ならびにこれを通じた漁業所得の向上および就業機会の確保その他の「地域の水産業の発展に最も寄与すると認められる者」に免許するものとし（同項 2 号），その結果養殖漁業にあっては外部企業の参入のハードルを低くしたと考えられている（ただし，共同漁業権については従来通り漁協（ないし漁連）にのみ免許することとなる）.

ところで「裁量権」とは，行政庁が行政処分（漁業権の設定も行政処分）を行うに際して認められる，一定の「判断の自由」のことを意味する．法令で具体的かつ詳細な判断基準が定められている場合には裁量権は観念し難いが，「適切かつ有効」ないし「地域の水産業の発展に最も寄与すると認められる者」の判断にあっては，いかなる場合に，いかなる者がこれに該当するかの基準が明確にされていない．立法者は，その判断において知事に一定の裁量権を付与することで，上記「水産資源の持続的利用の確保」等，法目的の実現を図るため，適切な者に対し漁業権を設定することを期待したものと見ることができる．

(2)「適切かつ有効」概念

このうち，「適切かつ有効」なる文言であるが，74 条 1 項が漁業権者の責務として，「漁業権を有する者……は，当該漁業権に係る漁場を適切かつ有効に活用するよう努めるものとする．」と規定するなど，漁業権制度改革において鍵概念となっている．

この「適切かつ有効」の概念について水産庁は，「『適切かつ有効』に活用している場合とは，漁場の環境に適合するように資源管理や養殖生産を行い，将来にわたって過剰な漁獲を避けつつ，持続的に生産力を高めるよう漁場を活用している状況」をいう，としている．具体的には，「漁場利用や資源管理に係るルールを遵守した操業がされている場合」が「適切かつ有効」活用の該当事例で，「漁協が管理する漁場において，漁協が漁業権行使規則に基づいて組合員が適切な資源管理を行いながら持続的に漁業生産力を高めるように漁業を行っている場合など漁協本来の取組が適切に行われている場合は，『水域を適切かつ有効に利用している場合』に該当」すると説明している（水産庁，2018）．

そうすると，差し当たり「漁業権行使規則の内容とその運用状況」が問題となろう．106条3項には，漁業権行使規則（および入漁権行使規則）に規定する事項として，①「組合員行使権を有する者」（同項1号），②「漁業権又は入漁権の内容たる漁業につき，漁業を営むべき区域又は期間，当該漁業の方法その他組合員行使権者が当該漁業を営む場合において遵守すべき事項」（同項2号），③「組合員行使権者がその有する組合員行使権に基づいて漁業を営む場合において，当該漁業協同組合又は漁業協同組合連合会が当該組合員行使権者に金銭を賦課するときは，その額」（同項3号），と定めている．

1949年の漁業法制定以来，漁業の民主化を図ることを目的とした漁業制度においては，漁協の自主管理は重要な要素であり，そうした自由の保障は必要である．改正法は1条の目的規定から「漁業者及び漁業従事者を主体とする漁業調整機構」と「漁業の民主化を図ること」を削除したが，これは，制定当初の課題であった，いわゆる羽織漁師による漁場利用の固定化の慣行が解消され，民主的な漁場の利用形態の構築はすでに実現されたことが理由とされている（水産庁，2018）．これらは目的規定から削除されたとはいえ，現代漁業制度においても維持されるべきであるといえるが，改正法が新たに規定し，かつ改正法の主旨ともいえる「水産資源の持続的利用の確保」を前に，漁業者の自由は一定程度拘束されることになる．特に上記②の事項については，こうした要素を踏まえたものでなければならないはずである．

他方，改正法は91条1項で，「漁場を適切に利用しないことにより，他の漁業者が営む漁業の生産活動に支障を及ぼし，又は海洋環境の悪化を引き起こしているとき」（1項1号），「合理的な理由がないにもかかわらず漁場の一部を利用していないとき」（同項2号）には，都道府県知事は漁業権者に対して漁場の適切かつ有効な活用を図るために必要な措置を講ずべきことを指導するものと規定し，さらに当該指導に従わない場合には，その者に対して当該指導に係る措置を講ずべきことを勧告するものとすると定めた（91条2項）．指導・勧告ともに行政法学上の「行政指導」であって，法的拘束力（これに従わなければならないという強制力）はないが，それでもなお従わない場合には，漁業権の取消し等がなされる場合がある（92条2項2号）．そこまで至らなくとも，次回の免許申請の際に「適切かつ有効」要件を充たさないことを理由に，申請を拒否される可能性がある．

それだけに何をもって「適切かつ有効」な活用といえるかについては，今般の漁業権制度改革の主要な論点であるし，漁業権行使規則もこれに即した内容でなければならない．

もっとも，重要なのは，漁業権行使規則に定められた内容の如何よりも，現に営まれている「漁業の実態」が「適切かつ有効」な活用といえるか否かであって，漁業の免許（漁業権の設定）の際に，知事がかかる実態を的確に把握するのと同時に，可能な限り客観的な判断基準を策定する必要がある．「適切かつ有効」という基準は不確定概念であり，いかなる状態が適切かつ有効な活用なのかについては，実際に免許を行う行政庁である知事が，その判断基準を事前に示すことになる．これを行政手続法5条に定める「審査基準」

といい，「許認可等の性質に照らしてできる限り具体的なものとしなければならない」（行政手続法5条2項）のである．

これについては国がガイドライン（技術的助言）として都道府県に示す予定となっているが，それは上記水産庁の示す「適切かつ有効」の説明の域を出ないものかもしれない．いずれにせよ国の技術的助言に対して，自治体には遵守義務はあるものの法的拘束力まではないと考えられている．ガイドラインを参照しつつ，地域（海域）の実情に応じた詳細基準を策定することは重要な作業である．漁場の環境状態や他の海域利用との関係等は様々であり，一律基準に馴染むものではないからである．

(3)「地域の水産業の発展に最も寄与する」とは

次に前出の「地域の水産業の発展に最も寄与する」とはいかなる場合かも問題になる．水産庁は，①生産量や就業者数の見込みがどうなるのか，②地域の漁業者との調和がとれるかどうか，③地元の水産物の流通・加工によい影響を与えるのか，等を考慮して判断することを想定しており，これについてもガイドラインを示す予定であるとしている（水産庁，2018）．これも1号と同様に，都道府県知事が地域の漁業の実情を考慮した審査基準を設定することになる．

(4) 都道府県知事の裁量権

こうした制度改革によって，免許権を有する都道府県知事には，一定の幅をもった裁量権が付与されたと評価できよう．もっとも，その裁量権は相対的に制約されたものともいえる．まず，海面の漁業権は海区漁場計画において計画されるが，計画案を作成するときには，当該海区において漁業を営む者等利害関係人の意見を聴かなければならず（64条1項），知事が上記の指導・勧告を行う際には海区漁業調整委員会の意見を聴く手続が法定されている（91条3項）．また，すでに見た通り審査基準を設定することになるが，これについては公にすることが義務付けられており（行政手続法5条3項），当然にその内容も適切なものでなければならない．

こうして知事の裁量権行使には一定の制約がかかるのであるが，知事は聴取した意見に法的に拘束されるわけではない．これら意見が法の趣旨に反する場合等もある．とりもなおさず，第一次的には，都道府県知事がこれら重要な「判断」を行うことに変わりはない．

重要なのは，都道府県知事が「適切かつ有効」等を適切に解釈し，運用することに尽きる．裁量権は，立法者が行政庁に適切な法の運用を期待して付与した権限である．それが恣意的に運用されたり，既存の漁業権を不当に制約するような場合には，裁量権の逸脱・濫用と評価される．裁量権は，法の範囲において「適切な解」を導くための「判断の自由」なのであって，いかにその適正な行使を担保するかが課題となる．その点で，事前意見聴取と審査基準の設定・公表は，現代行政においてはむしろ必須の「制約」であって，これらをもって，改正法の知事の裁量権は著しく制限されたものとまではいえない．

(5) 優先順位制度の廃止と「ふさわしい者選び」

「適切かつ有効」や「地域の水産業の発展に寄与する」規定は，当該漁場で漁業を行うのに「ふさわしい者」を選ぶことを意味している．こうした「ふさわしい者」選びは，最近の，とりわけ資源開発法制に見られる．

例えば，「鉱業法」は2012年に61年ぶりの大改正を行い，海底資源開発について，鉱業権設定許可制度における「先願主義」を見直し，経済産業大臣が「ふさわしい」開発業者を選定する仕組みに変えた．先願主義とは，申請書が最初に提出された申請から審査し，許可が出た時点で，それ以降の申請を拒否するものである．改正前鉱業法はその仕組みを採用し，しかも許可の要件が形式的なものに過ぎなかったため，開発能力をもたない者からの申請を排除できず，合理的な開発を妨げる結果を招来した．

そもそもこうした先願主義を採用していたのは，なるべく開発事業者の自由に任せる方が合理的な資源開発を推進できるという思考を基にする「鉱業自由主義」に依っていたからであるが，これを見直し，「鉱業自由主義」から「国家管理」に軸足を置いたのである*[2]．

最近立法された「海洋再生可能エネルギー発電設備の整備に係る海域の利用の促進に関する法律」（平成30年法律第89号）も同様の手法を用いており，資源開発・利用の国家管理化の傾向を見て取ることができる．

これらと同一の視点から漁業権制度改革を評価することは必ずしも適切とはいえないものの，「適切かつ有効」等の概念による，都道府県知事の「積極的な選択」の可能性が登場したことに，漁業権制度における国家管理化の傾向を指摘できるように思われる．

3．沿岸漁場管理団体

改正法は沿岸漁場管理の主体として，都道府県知事が海区漁場計

---

*[2]　鉱業法改正については，三浦大介（2012）「鉱業法の一部改正について」自治研究89巻9号27頁以下を参照．

画に基づき，当該海区漁場計画で設定した保全沿岸漁場ごとに，漁業協同組合等であって法定の基準に適合すると認められるものを，申請に基づき，沿岸漁場管理団体に指定することができることとした（109条）．漁協以外の一般社団法人・一般財団法人も指定対象となっているのであるが，沿岸漁場管理団体は，自ら策定する沿岸漁場管理規程（規定事項は法定され，かつ知事の認可が必要（111条））に基づいて保全活動を行うことになる．この団体は沿岸域の環境保全において重要な役割を果たす．

4．新しい資源管理システムの導入

改正法は，TAC法（「海洋生物資源の保存及び管理に関する法律」）を漁業法に統合し，これを幅広い魚種へ適用することとした．TAC（漁獲可能量）による漁獲量の統制は資源管理の要であるが，それでも「早獲り競争」が生じるなど，全体管理には限界がある．そこで個別管理としてIQ（漁獲割当）を導入したのである*3．

農林水産大臣によるTACの設定においては，「資源水準」の値が重要になる（15条2項各号）．これは，資源管理の目標として，「資源評価」が行われた水産資源につき，水産資源ごとに定められるもので（12条1項），資源評価は，農水大臣が資源調査の結果に基づき，最新の科学的知見を踏まえて実施するものである（9条3項）．資源評価にせよ資源水準にせよ，これに係る判断は「専門技術的裁量」に負うところが大きいと考えられる（制度上農水大臣は，資源調査・資源評価に関する業務を国立研究開発法人水産研究・教育機

*3　水産庁「水産政策の改革のポイント」（水産庁webページ，https://www.jfa.maff.go.jp/j/kikaku/kaikaku/sskkpointvideo.html）

構に行わせることができる（9条5項））．TACは，この資源水準の値を基礎として定められる（15条2項各号）．

他方でIQについては，その対象となる特定水産資源を採捕しようとする者は，農水大臣または知事に申請して，採捕に使用する船舶等ごとにIQの割合（漁獲割当割合）の設定を求めることになる（17条1項）．そして農水大臣または知事は，「漁獲割当割合の設定をしようとするときは，あらかじめ，漁獲割当管理区分ごとに，船舶等ごとの漁獲実績その他農林水産省令で定める事項を勘案して設定の基準を定め，これに従って設定を行わなければならない．」（17条3項）．そして，「年次漁獲割当量の設定」については，農林水産省令で定めるところにより，管理年度ごとに漁獲割当割合設定者（漁獲割当割合の設定を受けた者）に対して年次漁獲割当量を設定することになり（19条1項），それは「当該管理年度に係る大臣管理漁獲可能量又は知事管理漁獲可能量に漁獲割当割合設定者が設定を受けた漁獲割当割合を乗じて得た数量とする．」（19条2項）とある．

最新の科学的知見という専門技術的裁量判断に基づくTACの算出が資源管理システムの要諦であり，TAC法を統合してIQを導入した改正漁業法は「資源管理法」としての性格を濃厚に帯びるようになった．

5．漁業許可制度の見直し

改正前における指定漁業の許可の有効期限は5年であり，一斉更新制を採用していた（改正前60条1項，2項）．改正法は有効期限については5年を超えない範囲としつつ，一斉更新制を廃止し，随時，新規の許可を発給できるようにした．農水大臣および知事は，申請に係る漁業と同種の漁業の許可の不当な集中に至るおそれがある場合や法定の適格性を有していない場合には許可をしてはならないのは改正前と同様である（40条，41条，58条関係）.

漁業は本来，自由になし得る行為である．行政法学上の伝統的な学説では，許可とは，一般的に禁止状態にある行為に対し，当該禁止を解除して本来の自由を回復させる行政処分であり，漁業許可はこれに当たるとされている（漁業法研究会，2008）．ここでは，52条において，許可を受けた者に，資源管理の状況等を大臣，知事へ報告する義務を課し，さらに必要に応じて，許可を受けた船舶に衛星船位測定送信機等の電子機器を備え付け，操業・航行中はこれを常時作動させることを命ずることができることとされた点に，許可漁業における資源管理に係る規制の強化が見出されていることを指摘する．

6．改正法の総合評価

この資源管理の状況報告義務は，漁業権者にも課せられている（90条）．改正法においては，漁業権漁業，許可漁業ともに，資源管理を強める方向性が確認される．かかる観点から，「水産資源保護法」を含む漁業制度全体を俯瞰する必要があろう．

もっとも，漁業法は従前より漁業権，漁業許可ないし漁業調整の制度を通じた資源管理法としての性格を有してきたのであるが，それは自主的管理に傾斜したものであった（牧野，2013）．これに対し改正法は，漁業の免許基準として「適切かつ有効」基準を設け，TAC法を統合しIQを導入するなど，より正確には「公的管理が強化された資源管理法制」としての性格を色濃くしたものといえよう．

その点では改正法が，海区漁業調整委員会の漁業者委員につき，公選制を改め，知事が議会の同意を得て任命する仕組みに改めたことが注目される（138条1項）．改正法では，知事はあらかじめ「漁業者，漁業者が組織する団体その他の関係者」に対して候補者の推薦を求めることが義務化されていることから（139条1項），漁業者の意見は反映されると解されている（水産庁，2018）が，任命に際して議会チェックが介在することになる．これがどのように機能するかは今後論点となろう．いずれにせよ，自主的管理の要である海区漁業調整委員会の漁民委員公選制廃止のインパクトは大きいといえよう．

ところで，共同漁業権を放棄する対価としての補償金の配分手続をめぐる1989年7月13日の最高裁判決[*4]がある．この裁判では，共同漁業権が古来の入会漁業権に基づく慣習法的権利であるといえるかが問われたのであるが，裁判所はこれを否定した．共同漁業権の法的性質については，わが国における長年の漁業慣行に基づく「慣習法的権利（入会漁業権）」であるとし，漁業協同組合の組合員の共同漁業権漁業を営む権利については「総有説」に立ち，現在のところ共同漁業権は漁業協同組合に対して設定されるが，漁協は形式的権利主体にほかならず，当該権利は実質的に組合員に帰属する，と解する学説とは対立する判決となった（漁業法研究会，2008）．

判決の当否はひとまず置くとして，最高裁は「知事による免許」という漁業権設定の現行法上の制度，免許手続，漁業権の時限性を，上記結論を導く要素の一つとしたのであるが，行政法研究者の三

---

*4　最判平成元年7月13日民集43巻7号866頁．

邊夏雄は，こうした最高裁の論理構造，特に漁業権を，「実質的に」行政処分である免許によって創設される権利であると判示したことを受け，「漁業権が公有水面における権利であるという特質が検討されなければならない」と指摘し，これは公有水面が「自然公物（法定外公共用物）」であるということの特質に係わるものであって，「漁業権制度を自然公物に対する国の管理作用の一環と捉え，その観点から漁業権制度の論理構造を捉える作業が必要となろう」と述べた．そこで三邊は，明治漁業法制定以前の，1875年の雑税廃止・海面官有宣言および海面借区制の制定において，明治政府が海面の国家による管理権を明確にする過程を提示しているのであるが，その主張するところによると，漁業権を海面利用調整の手段，すなわち「公物管理の制度」として捉え返すべきだということになる（三邊，1992）．

ここで簡単に用語の解説が必要であろう．行政法学においては，「公の目的に供される物」一般を「公物」と呼び，かかる公物に特有の法原則である「公物法」を，行政組織法の一部門として位置づけ，研究対象としてきた．公物は官公署等，行政上の事務の遂行のために使用される「公用物」と，道路，公園，公民館，河川，湖沼，海浜等，公衆の利用に供される「公共用物」とに分類される．河川，湖沼，海（海浜）という，漁業の舞台となる空間は，自然発生的な公共用物であるところの「自然公物」であるとされている（**表3-1**）．

「公物管理」とは，こうした「公物の効用を発揮させるための管理」であり，道路の補修工事や，河川における堤防の設置・管理等がそれである．もっとも，公共用物において特に重要な管理作用は，複数利用者間の「利用調整」であるといえる．利用調整は，自然公物

表3-1　伝統的な公物の種別（原，1974）

<table>
<tr><th></th><th colspan="6">公物の種別</th></tr>
<tr><td rowspan="2">供用目的による種別</td><td colspan="3">公用物</td><td colspan="3">公共用物</td></tr>
<tr><td colspan="3">主に行政自身の使用に供される公物
例：官公署の建物など</td><td colspan="3">一般公衆の使用に供される公物
例：道路，公園，河川など</td></tr>
<tr><td rowspan="2">発生形態による種別</td><td colspan="3">人工公物</td><td colspan="3">自然公物</td></tr>
<tr><td colspan="3">人の手によって造られた公物
例：道路，公園，公民館など</td><td colspan="3">自然に発生した公物で，古くから公共の用に供されてきた公物
例：河川，湖沼，海岸，海など</td></tr>
<tr><td rowspan="2">所有権の帰属主体による種別</td><td colspan="2">国有公物</td><td colspan="2">公有公物</td><td colspan="2">私有公物</td></tr>
<tr><td colspan="2">国が所有する公物</td><td colspan="2">自治体が所有する公物</td><td colspan="2">私人が所有する公物</td></tr>
<tr><td rowspan="2">管理主体と所有権の帰属主体との関係に基づく種別</td><td colspan="3">自有公物</td><td colspan="3">他有公物</td></tr>
<tr><td colspan="3">公物の管理者自身が所有する公物</td><td colspan="3">公物の管理者以外の主体が所有する公物</td></tr>
</table>

である海面においては主要な公物管理作用なのである．

上記三邊の学説は，漁業権制度をかかる公物管理作用として把握しようとするものであるが，こうした文脈から，以下，漁業権のみならず漁業法制度全体を，公物管理のシステムとして把握しつつ，今般の改正法の評価を試みる．

漁業の免許を公物管理の一種として捉えることは，漁業権を海面利用調整制度という点からすると，公物管理の基本的な類型である「空間整除型」管理により当該海面の利用調整を図る制度として，また，許可漁業は，公物たる海岸における土石の採取と同様，これを海域という公物における「行為の許可」（漁業権にもその側面はある）として，公物管理上の利用調整制度と見ることができる．ただ，これらはいずれも，海域という「場の利用（空間の利用）」を調整する制度であることに留意する必要がある．

問題は，資源管理というときの「資源」の法的位置づけである．

改正法は水産資源の持続的利用の確保を謳っているが，これは，かかる資源の有する公共性を前提としていると解することができる．こうした公共的性格を有する水産資源を，一種の公共用物として把握し，「自然資源公物」として，その管理のあり方に公物管理の制度を観念することができないだろうか[*5]．

公物法が伝統的に想定してきた公物は，道路，公園，河川といったもので，現在でもそれらは典型的な公物とみなされている．他方で，元来「公物の公物たる所以は，それが万人の用に供されることにある」というのが，近代法の淵源であるローマ法的観念だといわれている（三本木，1992）．万人の用に供される「公共的な物」が公物，特に公共用物の本質であり，その利用ないし管理をめぐる問題の発生に合わせて，法的解決の手段としての公物法が発展してきたのだといえよう．いいかえれば，上記の典型的公物は，公物法が成立した当時において合意された公共的な物であったが，公共的な物の内容は時々の社会環境によって可変的であり，公物法上の公物はそうした時代の要請に対応していく柔軟さが求められると私は考えている．

経済学の分野では，財を「排除性（自分が排他的独占的に使用できること）」と「競合性（他者の資源利用が自分の資源利用に影響を及ぼすこと）」をメルクマールに，「私的財」，「クラブ財」，「共有財（共有資源）」，「公共財」に分類し，資源の枯渇等環境問題が生じやすいのは，排除性のない共有財ないし公共財であると解されている（5章）．

---

*5　自然資源公物論については三浦大介（2019）「地熱開発の法的課題―自然資源公物論の可能性―」論究ジュリスト 28 号，62 頁以下を参照されたい．

排除性の有無に関する主要な法学的関心事としては，所有権がその物に確立されるどうかであろう．それが「誰かの物」であるならば，その者が当該の物に対する第一次的な管理権者だということになる．公物法学においては，**表3-1**にあるように，公物を国が所有する国有公物，自治体が所有する公有公物，私人が所有する私有公物に分類してきた．これは，公物に対する「管理権の所在」とも関連するもので，国や自治体が所有する公物については当該所有権をベースに，私人の所有する公物については国・自治体が所有者と契約を締結し，賃借権等の権原を取得することでこれをベースとして，国・自治体の管理権を裏付けることになると解される（塩野，2012）．ただし，通常は公物管理法が存在し，当該法律によって管理権は実質的に国・自治体に分配されることになるのであるが，その前提として公物は「管理が可能な物」でなければならず，その意味で国や自治体が所有権ないし利用権等の権原を取得できる物，つまり「支配可能性のある物」であることが要件とされており，このことは上記の排除性の要請と関連することになる．

水産資源である水産動植物は，養殖の場合等の例外を除き，法的には「無主物」であって，誰のものでもない．公物としての「管理可能性」を，所有権等の「支配可能性」に結び付ける論理でいえば，自然状態のままでは無主物の水産資源は，そもそも公物の射程に入ってこない．しかしその例外として，河川法はかねて河川の「流水占用許可」という制度（河川法23条）を通じて，自然資源であり私的所有権の対象外とされる河川の流水を公共用物として管理し，また，同じく伝統的に所有権の対象外とされた海も公共用物として認識されてきたところである．

排除性がなく競合性のある共有財（共有資源）たる水産資源（だれか特定の人の物ではなく「みんなの物」）は，現代においては際立った公共的な物（公共用物）であって，その管理における国家的関与のあり方が法学的に検討されるべきであろう．

この点すでに漁業法が，そうした「資源」公物管理法としての性格を有するものと考えた場合には，差し当たり以下の理解が妥当するものと思われる．

公物管理の中核を担う利用調整の法理として，「自由使用」，「許可使用」，「特許使用」の 3 分類がある．公共用物は国家が管理者としてその管理を担うことが基本であるが，自由使用とは管理者からの許可等を要せず，公物本来の用法に従い，自由にこれを利用する使用形態であり，許可使用は，本来の用法に従った利用であるが，利用調整上の必要等から許可制の下に置かれるもので，特許使用は，管理者から特別な権利を設定されて初めて使用できる例外的な使用形態を指す（**表 3-2**）．

公共用物である自然資源を大量に採取・消費する場合には，これを特許使用として位置づけ，管理者は裁量権の行使をもって，種々の条件を課す等の判断を行い，当該使用をコントロールすることになる[*6]．水産資源の採捕においては許可漁業その他大型の船舶を利用した漁業がこれに当たるが，水産資源を公共用物として管理することで，こうした大量採取型漁業者は相応の負担を負うことになる．改正法による許可漁業の資源管理面での規制強化は，その文脈に沿うものといえる．こうした観点からすると，漁業許可を「自由の回

[*6] こうした理解については磯部 力（2002）「都市空間の公共性と都市法秩序の可能性」法哲学年報 60–61 頁参照．

表3-2　伝統的公物使用関係（原，1974）

公物の使用関係		
自由使用	許可使用	特許使用
公共用物本来の用法による使用形態であり，一般公衆が自由に使用できる状態 例：道路の通行，公園の散策，海水浴など	公共用物本来の用法による使用形態であるが，管理上の観点から，管理者の許可を受けて使用する状態 例：道路工事や祭礼行事等による道路使用の許可（道路交通法77条）など	公物本来の用法を超えた，ないしは独占的な使用形態で，管理者から特別な権利を受けて使用する状態 例：道路占用の許可（道路法32条），河川の流水占用の許可（河川法23条）

復」と解することについては，資源管理法としての改正法の趣旨に照らしても，慎重にならざるを得ない．

他方で，漁業権の設定制度をどのように位置づけるべきであろうか．漁業の「免許」という行政処分は，上記最高裁判決の論理からすると，「特別な権利」を付与する権利設定行為という点では行政法学上の「特許」行為であり，これを前提とすると，公物の利用調整についてはそのまま特許使用として位置づけられるであろう．しかし，そうした伝統的な講学上の理解のみに捉われることは適切ではない．

「適切かつ有効」基準は，「公物管理」としての漁業権の役割につき，伝統的公物管理の機能である空間整除型利用調整ではなく「資源管理」型利用調整の要素を色濃くするものであるといえよう．漁場の「適切かつ有効」活用の概念によって，漁業権制度を通じた資源の公的管理の実質化が図られるようになると評価できる．

また，「適切かつ有効」は，漁業権の担い手としての「資格」を問うものである．特にそのうちの「適切性」は，資源管理を含む環境保全を適切になしうる資格を意味するものと考える場合，その有資格者に対する，「特別の権利設定」を通じた国家的統制の強化という側面よりもむしろ，共有資源の管理に係る，漁業権制度を通じた国家と漁業者との「協働関係」を想定すべきであろう．公物の使用関係に関する定型的な上記の3分類は，現代の公物法学においては疑問視されており，公共用物の使用をめぐる現代的な状況ないし課題に対応して再検討されるべきであると考えられる（塩野，2012）．公物の範囲の拡大によっても，伝統的理解の再考が迫られることになる．このことに関連して，若干の検討を加えたい．

改正法で設置される「沿岸漁場管理団体」に注目する．公共用物である海面と共有資源たる水産資源の管理の任に当たるのは，上記の通り大臣や知事といった行政庁に限られるわけではない．改正法で登場した沿岸漁場管理団体の役割は重要である．公物の管理者は国家であることが基本ではあるが，自治体の公の施設に係る指定管理者制度（地方自治法244条の2第3項）等に見られるように，民間団体が公共用物の管理者となるケースが現に存在する．沿岸漁場管理の適格者は，当該地先の海に精通した者以外を想定することはできない．

上記最高裁判決は，共同漁業権が慣習法的権利であることを否定したが，「一村専用漁場の慣習」に基づく「地先権（地先水面管理権）」の存在を肯定する学説が抜き難く存在する*7．江戸時代までの地先水面は沿岸漁村が「所持」し，排他的に支配していたが，近代法の制定によりそうした制度は消滅した．だが，地先水面を管理する権能は，漁村が転じた漁業団体の慣習法的権利として残り，当該漁業者の団体は，当該水域の水面利用の管理・調整と環境保全を主

---

*7　地先権の概念については，浜本幸生監著（1996）『海の「守り人」論』まな出版企画71頁を参照．

体的に担う権利があると考えるものである.

そうした漁民の集団による実質的管理が連綿と引き続いている地域においては，慣習法的権利としての地先権を認めることができよう．そうすると，かかる漁協等の漁業団体は，沿岸漁場管理団体に指定される資格を十分に備えているといえ，国・自治体の制度的，資金的なバックアップをもって，水域を適切かつ有効に活用する既存漁業者と，こうした地先権の主体たる地元漁協により，沿岸海域の「共有資源管理」が適切に行われることが期待される．（三浦大介）

文　献

漁業法研究会.（2008）.「最新・逐条解説「漁業法」〔改訂版〕」. 水産社.

原 龍之助.（1982）.「公物営造物法〔新版増補〕」. 有斐閣.

小松正之, 有薗眞琴.（2017）.「実例でわかる漁業法と漁業権の課題」. 成山堂書店, 111-112.

牧野光琢.（2013）.「日本漁業の制度分析—漁業管理と生態系保全」. 恒星社厚生閣, 66-71.

三邊夏雄.（1992）. 行政法現象としての漁業権制度.「現代法社会学の諸問題（上）」(黒木三郎先生古稀記念論文集刊行委員会編）民事法研究会.

三本木健治.（1992）.「公共空間論—水と都市をめぐって—」. 山海堂, p. 86（初出・「公物法概念の周辺的諸問題」公法研究 51 号（1989））.

塩野 宏.（2012）.「行政法III〔第 4 版〕」. 有斐閣.

水産庁.（2018）.「漁業法等の一部を改正する等の法律Q&A」(水産庁webページ，https://www.jfa.maff.go.jp/j/kikaku/kaikaku/attach/pdf/suisankaikaku-15.pdf）.

4章
中間集団の今日的意義
―東南アジアに学ぶ国家の「反転」

1．漁業改革と中間集団

中間集団とは，国家と個人の中間に生成・機能・活動・発展する多様な媒介集団や団体組織であると考えよう（金，2002）．漁業資源だけでなく，森林や放牧地など，人々の暮らしを支えてきた各種の天然資源の中心的な管理は，永くこの中間集団が担ってきた．歴史的に考えれば，特定の地域に根付いた重層的な地縁集団が典型的な中間集団であり，そこには国家権力の代行という側面を含む，抑圧的・差別的な機能も備わっていたと考えてよい．

近代化と経済発展の過程は，個人の自由や権利を尊重しつつも，徴税を通じて国家と個々人の関係を強固に結びつけてきた．私的所有権が生活圏の隅々まで行き渡ったのは，その端的な例であろうし，そうした私的所有権制度の整備と保護こそが，経済発展の根本であるという議論も盛んになされてきた．私的所有権が十分に発達していない発展途上国には，まず自立した個人を前提とする私的所有権制度を国家主導で導入していくことが重要と考えられたのである（De Soto，2000）．日本の漁業制度に見られる近代化の過程も大きくみれば，村どうしの対抗と協調を入会として相互調整する仕組みから，国家権力に依存する個人の利害を重視する産業形態に移行する過程であったといってよい（全国漁業協同組合連合会編，1971；加瀬，1981）．

他方で，その後の地球環境問題の深刻化と，森林や放牧地といった地域に根差した天然資源の劣化が政策課題になると，地域社会が資源の育成と保全に果たしてきた役割に改めて光があたるようになった．5章でも紹介されているエリノア・オストロムは，ローカルなコモンズが持続する条件を，世界各地の地域コミュニティーの機能に注目して分析した（Ostrom，1990）．それでも経済成長の著しい国々を中心に環境劣化と資源の荒廃に歯止めがかからないのは，人口の流動化と私的な領域の拡大によって，かつての中間集団が機能しなくなっているからであると考えられる．

発展途上国に限らず米国のような先進国でも中間集団の弱体化は近代化と経済発展に付随する大きな流れである（Putnam，2000）．本書のテーマである漁業法改正も，こうした世界的な動向の一部とみなすことができる．特に中間集団という視角に関連が深いのがIQ（個別割当）制度 Individual Quota である（ITQ は譲渡可能個別割当）．この制度は，導入前の漁獲実績等に基づいて各漁業主体に漁獲量を割り当てるという制度で，漁業者団体や地域社会などの中間集団を飛び越えて政府が直接各漁業主体と接触する機会を増やす可能性がある．しかも割当量を企業などの他の主体に移譲することが可能になる．この変化は私的所有権を活用した資源管理手法への移行を意味するが，それまで資源管理で役割を果たしてきた地域社会に与える影響に関しては環境 NGO などからも懸念が表明されている（WWF，2018）．

水産庁自身も，IQ･ITQ のありうる問題点として「ITQ の場合には，譲渡を通じ特定の漁業者に割当量が集中し，それに伴い漁村の崩壊のおそれがある，又は，割当量が市場原理に基づいて取引されることにより，割当量の保有状況とそれに基づく漁獲量の適時適切な管理が困難となる」と指摘している（水産庁，2008）．日本の漁業は元来，漁業組合と呼ばれる中間集団が中心的な管理主体となってきた．安易に組合の維持を唱えることに賛同するわけではないが，改革の方向が中間集団と国家の関係をどのように変容させていくのかという論点を抜きに一方的な私権の拡大に向かう傾向には危うさを感じる．

2．環境国家の反転とは何か－カンボジアのトンレサップ

以下では，東南アジアを中心とする資源管理の現場で，筆者が仮説として提示した「環境国家の反転」という枠組みを紹介し，そこから日本漁業の未来を考えるヒントを得てみたい．

世界を見渡すと，中央政府による自然環境の支配は，その対象を大きく拡張してきたことがわかる．森林や鉱物からはじまり，海洋資源，大気，気候まで拡大した国家の関心は，今や宇宙にまで広がっている．ここで「環境国家」とは，環境を専門とする省庁ができ，環境基本法の制定，主要な国際条約の批准，独自の環境専門家の育成などの体制を一通り備えるようになった国家を指すものと考えよう．

環境保全に反対する人がほとんどいないことは，国家による自然の支配を容易なものにした．だが，自然の支配を国家に委ねることは人間社会にとって何を意味するのか．次にカンボジアのトンレサップ湖における資源環境政策の歴史を振り返りつつ，環境にやさしい政策が，地域の人々を苦しめ，引いては自然環境の持続にも悪影響を及ぼすという「反転」の事例を紹介する．あわせてそうした反転を防止するための方策についても議論してみたい．

図4-1　トンレサップ湖の高床式家屋

カンボジアのトンレサップ湖は東南アジア最大の淡水湖で，漁業資源の豊富さは世界有数である．この湖の上には100万人ともいわれる人々が水上生活をしており，多くの人は半農半漁の生活をしている（図4-1）．トンレサップにはフランス統治時代から漁区システムと呼ばれる抽選に基づく漁区の区画割当制度があり，100年以上にわたって，このシステムが機能してきた．魚が湖を自由に回遊しているという面で，この湖は共有資源（コモンズ）であったが，特に生産性の高い地域はフェンスで囲われて実質的には私的な漁区として管理される時代が長く続いてきた．

ところが2012年3月にフンセン首相は漁区システムの全面撤廃を宣言する．その大義は，私有化されていた漁区を零細漁民に開放すると同時に，環境保全のための区画を設けて，地域資源の持続性を確保するというものであった．この政策は大多数を占める零細漁民に歓迎され，資源管理はコミュニティーによる分権的なものへと移行した．しかし，現実には多くのコミュニティーには資源管理をする組織力がなく，禁止されている電気ショック漁や，環境保全地区での密漁など，不法な漁業は後を絶たなかった．また，これに関連して環境保護を担当する役人との癒着や賄賂の事例も多く報告された．こうした結果として，多くの専門家は資源の保護と管理の民主化を謳った政策が現場において機能不全に陥っているとみている（Sithirith，2017；Seiff，2017）．

そもそも国家が利潤の大きな資源を手放す背景には何があったのか．筆者は，カンボジアの経済成長に伴って水産資源の生み出す超過利潤（裏金的なものも含めて）が低下し，それにしがみつくよりも，漁区を開放してフンセン首相率いるカンボジア人民党の票を集める方が得策であるという政策判断があったと推測している．実際，漁区の部分開放や全面開放は常に選挙の前に宣言されてきた．天然資源へのアクセスは政治の道具として機能しているのである．

伝統的な漁区システムは，共有地の私的管理という排他的な制度ではあったが，それゆえに安定した秩序を保つことができていた．これを多種多様な能力や規模をもつコミュニティーに委譲するとなれば，それぞれの地域における様々な癒着と資源管理上の混乱を招きかねない．水産局に新たな秩序を取り戻すほどの行政力があるとは思えない今日，NGOなどによる政策の受け皿としてのコミュニティー支援がこれまで以上に重要性を増していると考えられる．

3．反転のメカニズム

急速に経済発展を遂げた東南アジア諸国は，同時に環境保全のための制度も急ごしらえをしてきた国々である．森林保護，水質汚濁防止や大気汚染防止などの，個別セクターごとの法律はもちろん，環境アセスメントや環境基本計画といった環境政策全体を統括する制度に至るまで，ほぼ先進国なみの体裁を整えている国が多い（**表 4-1**）．つまり，東南アジアでは，いわゆる「環境国家」の条件を整えている国が多いのである．

筆者は発展途上国の実情を踏まえたうえで次のような再定義をしたい．「（特に地域の人々からみて）環境保護や資源の持続可能性確保を目的に行われる介入の影響が，自然環境だけでなくその地域の人々の暮らし全体に及ぶようになった国」（佐藤，2019）．これは，未だに農業人口が多く，天然資源に直接依存する場面が多い人口をかかえた国では，環境政策が狭い意味での「環境」にとどまらず生活全般に及ぶ可能性があるからである．

アジアの発展途上国では，このように経済開発の早い段階から環境政策が制度化されているのに，なぜその効果が生まれないのか．例えば海洋プラスチックごみの排出源は中国に並んで東南アジア諸国が上位を独占している（Jambeck et al., 2015）．もっとも大きな理由と考えられるのは，社会変化の速度があまりに速く，工業化を国家目標として掲げる開発主義を維持したまま，その上に環境政策をかぶせているので環境保護が形骸化しているというものである（**図 4-2**）．より具体的にいえば，経済成長と生産活動の拡大を目的に設計された行政制度には，開発主義を前提とする利権が張りめぐらされており，そこに開発や生産を抑え込むような環境保護に向けた制度をかぶせようとしても，既存の部局から拒否権を発動されて実施には至らないことが多いのである．

表 4-1　環境政策の骨格が整う速度の国際比較（佐藤，2019）

	先進国			発展途上国		
	イギリス	ドイツ	日本	タイ	インドネシア	カンボジア
1950～	水法制定（1951） 大気浄化法制定（1956）	連邦水管理法制定（1957）	水質二法制定（1958）			
1960～			ばい煙規制法制定（1962） 公害対策基本法制定（1967） 大気汚染防止法・騒音規制法制定（1968）	工場法制定（1969）		
1970～	環境省設置（1970） 39年	大気汚染対策等を目的とした連邦イミシオーン法制定（1974） 連邦環境庁設置（1974） 連邦自然保護法制定（1976）	水質汚濁防止法制定（1970） 環境庁設置（1971）	国家環境委員会設置・国家環境質保全向上法（1975） 環境アセスメント規定の制定（1978）	開発監視・環境省設置（1978） 13年	
1980～	都市農村計画（環境アセス）規則（1988）	34年 廃棄物法制定（1986）	39年	33年	環境管理基本法制定（1982） 環境影響評価制度導入（1986）	
1990～	環境保護法制定，環境アセスメント規定（1990）	環境影響評価法（1990） 容器包装令（1991）	環境基本法制定（1993） 環境影響評価法制定（1997）	環境法制定・アセスメント義務化（1992）	水質汚染に関する国の基本基準に関する政令（1990） 大気汚染プログラム開始（1991）	6年 環境省 環境保全・自然資源管理法 環境影響評価制度及び水質大気汚染対策法
2000～				天然資源環境省設置（2002）		

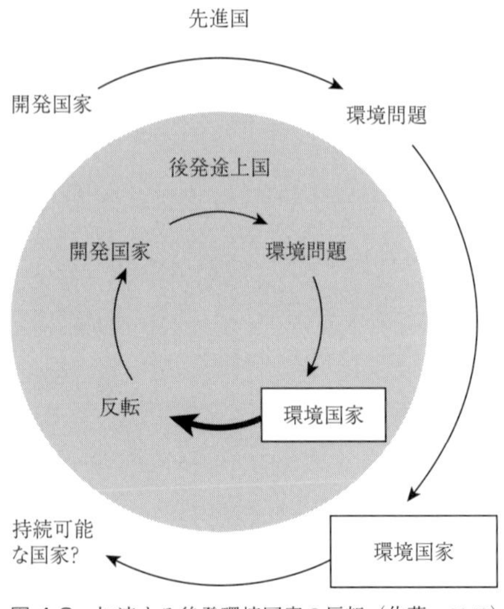

図4-2　加速する後発環境国家の反転（佐藤，2019）

問題は速度だけではない．先進諸国では経済成長が生み出した乱開発や公害と闘う過程で，環境保護や人権を守ることを目的とした独自の市民社会が形成された．こうした市民社会の多くはNGOやNPOという中間集団としての地位を獲得して，国家権力の行き過ぎを監視する役割を果たすことになった．他方で，アジアの途上国では権威主義的な国家が多かったこともあり，市民社会が未発達で，とりわけ環境問題をめぐって国家と対峙できるような中間集団が十分には育たなかった．もちろん，途上国には先進諸国からの支援も入り込んだので人権や社会福祉といった人々の暮らしに直接関わる側面では一定の前進はみられたものの，自然環境保護の側面は後回しにされがちであった（重冨編，2001）．

ここで注目すべきは，東南アジアの多くの国には資源管理のための土着の地縁組織が存在していたということである．水利組織でいえばタイのムアンファイと呼ばれる組織，インドネシアのスバックがそれに該当する（鏡味，2016）．森林についても，とりわけ資源が稀少な地域では共有林の制度が発達していることが確認されている（重冨，1997）．これらの中間集団の形成過程については資料が乏しいこともあって解明されていない点も多いが，植民地化の過程もしくは近代化の過程で国家によって作り込まれたものが多いと考えてよい．ところが近代化が，グローバル化へと展開する過程で人々の天然資源への依存率は低下の一途をたどり，集落の伝統を維持するための規範は希薄化し，労働者も流動的になると，かつての中間集団の維持は難しくなった．今や，経済発展を遂げた東南アジア諸国では伝統的な中間集団が過渡期を迎えているのである．

要約すると，開発優先の中での環境政策の影響力の弱さ，そして，資源管理をめぐる中間集団の弱体化の 2 つが大きな課題である．開発主義の国家体制をとる国における環境政策は，どうしても開発を担う省庁の発言力に負けて，空洞化する傾向が強い．加えて国家の近代化の過程で水利組合や森林組合といった資源管理の地域組織は弱体化し，国家への抵抗力を失ってきた．逆にいえば資源管理をめぐる権力の国家集中には歯止めとなる制度的な仕掛けが機能しない．その陰で，資源に最も近接して暮らす人々の発言力は弱められていく一方だ．

こうした傾向の中で，国際機関なども含めて環境政策を支援する体制は，結果として国家への権力集中に加勢することになる．コミュニティーの資源管理能力を強化する事業も，結局は中央政府の承認を得るものでなくては大規模に展開できないからである．

4．反転を防ぐためにできること

経済成長の著しい発展途上国で頻繁にみられる環境政策の反転は，日本にとっても他人事ではない．福島原発事故も，安全で環境にやさしいエネルギーと謳う政府と電力会社のスローガンに疑いの目をもってこなかった「反転」の事例であった．

反転を防ぐにはどうすればよいか．筆者の提案は，次の3点である．第1は，環境政策を開発政策と別建てにするのではなく，開発政策の中に内蔵させていくことである．開発政策が支配的になりがちな発展途上国では，開発の在り方そのものを改変しなければ，インパクトのある資源保全に結びつかない．第2に，地域の中間集団による「反転」への対応力を育むことである．地域社会がどのようにして国家に対抗できるのかについては，各種の住民運動が展開された1960年代の日本の公害経験に多くのヒントがあるに違いない．第3に，開発の在り方を自律分散的にし，地域レベルへの権限移譲を進めることである．それには，国家にとって便利な画一的政策から離れて，地域の実情に照らした中間集団の保護と育成に目を向ける必要がある．これらの対策は反転を完全に予防することにはならない．しかし，反転の速度を緩めて，変化に脆弱な社会的弱者に対応の準備時間を与える効果を生み出すことは期待できる．

広くアジアの実例を見ると，中間集団の力が大きく発揮されたのは，共同体内部の公平性を担保するような資源管理や共同体内外の紛争を解決することよりも，国家からの収奪的な介入に抵抗するという側面においてであった．中間集団は近代化の時代の国家の意思を現場で実行する媒体という役割を越え，グローバルな環境課題と地域の生活ニーズを結びつける重要な役割を担うに至った．徴税や徴兵といった国家の必要が中間集団の協力と媒介なくしては解決しえなかったように，グローバル課題も現場の中間集団の役割を必要不可欠とする．ところが，個人の権利と自由を尊重する形で展開した近代化は，国家への権力集中を伴いながら中間集団の存立要件をことごとく脆弱なものにしてきた．

経済のグローバル化と国家権力の浸透という今日の文脈の中で中間集団をうまく活用するためには，国家レベルでの制度や政策と中間集団の在り方を結びつける発想が不可欠である．かつて国家の影響力が制限されていた時代は，村どうしの強調と対抗の論理の中で資源管理システムを地域の内在的な論理で完結させることができた．しかし，国家の影響力が地球の隅々まで行きわたるようになった現在，地縁論理に基づく中間集団を，国家から切り離して論じることはできない．中間集団の自律性を生かしながら，それを国家の論理と接続するには，経済開発や環境保護といった「セクター」ごとに完結させる発想を越えて，地域の固有条件を生かすための支援手段を講じていくしかない．環境政策には人々の福祉と経済を入れ込まなくてはいけないし，経済政策の中にも環境配慮の仕組みを内蔵させなくてはならない．

空気がきれいになったのか，水はきれいになったのか，生物多様性は保全されたのか．これらの問いはもちろん重要である．しかし，ここで見過ごしてならないのは，これらの環境変化の過程で人間社会がどのように変わっていくかである．こうした問いを喚起するうえで，社会科学者が漁業を含む広い意味での資源管理問題にもっと力強く参入していかなくてはならないのである．（佐藤 仁）

文　献

De Soto H.（2000）. *The Mystery of Capital: Why Capitalism Triumphs in the West and Fails Everywhere Else*. Basic Books.

Duit A. et al.（2016）. Greening leviathan: the rise of the environmental state? *Environmental Politics*. 25（19）: 1-23.

Jambeck JR. et al.（2015）. Plastic waste inputs from land into the ocean. *Science* 347. 6223: 768-771.

鏡味治也.（2016）. 水と生きるインドネシア・バリの人々.「水を分かつ ― 地域の未来可能性の共創」（窪田順平編）勉誠出版, 295-316.

加瀬和俊.（1981）. 漁業協同組合制度成立過程についての一考察.「東京水産大学論集」, 16号, 35-44.

金 泰昌.（2002）. おわりに.「中間集団が開く公共性」（金 泰昌・佐々木 毅編）東京大学出版会, 375-394.

Ostrom E.（1990）. *Governing the Commons: Evolution of Institutions for Collective Action*. Cambridge University Press.

Putnam R.（2000）. *Bowling Alone: The Collapse and Revival of American Community*. Simon & Schuster.

佐藤 仁.（2019）.「反転する環境国家 ―「持続可能性」の罠をこえて」. 名古屋大学出版会.

Seiff A.（2017）. When there are no more fish：climate change, drought, and development have devastated Cambodia's Tonle Sap Lake, which feeds millions across Southeast Asia. Easter. https://www.eater.com/2017/12/29/16823664/tonle-sap-drought-cambodia（2020年1月4日最終アクセス）.

重冨真一（編）.（2001）.「アジアの国家とNGO ― 15か国の比較研究」. 明石書店.

重冨真一.（1997）. タイ農村の「共有地」に関する土地制度.「東南アジアの経済開発と土地制度」（水野広祐編）アジア経済研究所, 263-303.

Sithirith M.（2017）. Water governance in Cambodia: from centralized waster governance to farmer water user community. *Resources*. 6（3）: 44.

水産庁.（2008）. 割当（IQ）方式・譲渡性個別割当（ITQ）方式 について. https://www.jfa.maff.go.jp/j/suisin/s_yuusiki/pdf/siryo_12.pdf（平成20年9月11日）.

WWF.（2018）. 70年ぶりの「漁業法改正」をどうみるか. https://www.wwf.or.jp/activities/opinion/3814.html（2020年1月5日最終アクセス）.

全国漁業協同組合連合会水産業協同組合制度史編纂委員会（編）.（1971）.「水産業協同組合制度史」.

5章
日本の伝統的な漁業管理を国際的な視点で評価する―オストロムの設計原理の視点から

1．はじめに

本章においては，ノーベル経済学賞を2009年に受賞したオストロムの制度設計という概念から日本の沿岸漁業管理のあり方について論じる．漁業管理の問題を論じるのは，本書のテーマ「グローバル社会の中での水産改革と魚食の未来」を論じるうえで，漁業管理の問題が極めて重要であると筆者が考えるからである．日本における魚食文化は非常に多様性に富むものである．地域や季節によって流通する魚種が異なるだけでなく，魚を調理・加工する方法についても多様性が存在する（Wessells and Wilen，1994）．このような多様な魚食文化は，日本近海に存在する多様な魚種資源に支えられている．しかし，さらにこのような多様な魚種資源の背後には多様な漁業管理があり，それを可能にしている漁業者の共同体が存在することを忘れてはならない．実際，漁業管理の研究を長年続けてきたジェントフトは，国連の持続可能な開発目標14である「豊かなlife below the water」のためには，「life above water」，すなわち漁業者の共同体が必要不可欠であることを主張している（Jentoft，2019）．

2018年に政府が発表した水産改革においては，漁獲可能量Total Allowable Catch（以下TAC）の設定や個別割当制度Individual Quota（以下IQ）などの出口管理を実施することによって，漁業の管理の効率化が提唱された．さらに，輸出などの推進や新規参入者による儲かる漁業への転換が主張された．しかし，出口管理を早くから実施し，IQや譲渡可能個別割当制度（ITQ）を実施してきたアイスランドやノルウェーにおいては，漁業の効率化が図られる一方で，それまで小規模な沿岸漁業およびそれを支えてきた漁業者の共同体は置き去りにされてきたことが報告されている（Chambers and Carothers, 2017；Johnsen and Jentoft, 2018；Maurstad, 2000）．このような現実を考えるとき，はたして効率化や儲かる産業にすることだけが，日本の魚食の未来なのかと筆者は問わざるをえない．本章では，オストロムによって提唱された制度設計の原理の視点から，日本における沿岸漁業の漁業管理の制度を再評価することを通じて，いかに日本の沿岸漁業の管理が，管理の対象となる魚種の特徴および，漁業者の共同体の特徴にあった形で，順応的に実施されてきたのかを明らかにする．具体的には三重県志摩市和具地区のイセエビ漁を事例として取りあげる．

2．共有資源の研究史とオストロムの設計原理

漁業などの共有資源に関する研究は，日本においてだけでなく，世界の各地で実施されてきた（Bromley and Cernea, 1989；Feeny et al., 1990；Ostrom, 1990；Wade, 1989）．特に，1968年にハーディンが，「コモンズの悲劇」の概念を用いて，個人の所有権が確立されていない共有資源は悲劇に陥るとすると論じて以降，盛んになった（Hardin, 1968）．共有資源（あるいは共有財）とは，他人が資源を利用することを排除できない（排除性はない）が，他人の資源利用が，自分の資源利用に影響を与える（競合性がある）資源

表 5-1　経済学における財の分類

	排除性がある財	排除性がない財
競合性がある財	私的財	共有財（共有資源）
競合性がない財	クラブ財	公共財

のことを指す．ちなみに，経済学においては，**表 5-1** に示すように，排除性と競合性の観点から，財を分類し論じることが一般的である．多くの場合，環境問題が発生するとされるのは，排除性のない財（共有財あるいは公共財）において起こる．

共有資源の具体例としては，漁業における魚種資源とともに，農業に必要とされる灌漑設備における水資源などが，典型例として挙げられる．このような資源においては，前述のように排除性がないため，資源利用者は，資源を持続的に利用するのではなく，自分の短期的な利益を最大化するために過剰利用する傾向がある．平たくいえば「早いもの勝ち」してしまうため，資源の枯渇が起こるとされた．これが「コモンズの悲劇」である（Hardin, 1968）．この問題に対するハーディンの解決策は，個々人が長期的な利用を考えるよう，個人の所有権を確立する，あるいは管理を国家に任せる国立化であった．

しかしながら，1990 年代に入ると，オストロムやブロムリーらの研究によって，個人あるいは国家所有だけが「コモンズの悲劇」への解決策ではなく，第 3 の道が存在することが明らかになった（Bromley and Cernea, 1989；Feeny et al., 1990；Ostrom, 1990；Wade, 1989）．彼らが，注目したのが制度 institution，特に資源を管理する共同体内にある制度である．ここでいう制度とは「人々の集合行為を促すために，社会に存在する規則や慣習 a set of rules and conventions of society that facilitate coordination among people regarding their behavior」のことを指し（Bromley，1989），日常的にイメージされる制度とは使い方が異なる．特にここで注意しなければならないのは，制度には，目に見える公的な（フォーマルな）制度である法制度だけでなく，「村八分」などの目に見えないインフォーマルな地域の慣習や習慣なども含まれている点である．

一般的には，これらのフォーマルな制度とインフォーマルな制度の違いは，罰則のあり方にある．フォーマルな制度においては，刑法を犯せば警察に捕まるように，第三者による罰則制度が存在する．それに対して，インフォーマルな制度においては，このような公的な罰則制度は存在しない（Vatn，2007）．しかし，かといって，まったく罰が存在しないのではない．習慣を破ると地域の人たちに白い目で見られるなどのピアー・プレッシャー（仲間内から見られているというプレッシャー）は存在し，これらのインフォーマルな罰の方が地域の人々の生活には大きな影響を与える場合もある．例えば，「村八分」がそれにあたる．現在では，一般的に仲間はずれにすることを指す表現となっているが，「村八分」は実際に江戸時代に存在した制度である．「村八分」の制度においては，地域の人たちが灌漑水路の整備や林野の管理などのために参加しなければならない役務を何度も怠ると，村の重要な行事の80％から排除された（交際断絶をされた）（Aoki，2001）．これらの行事から排除されると，排除された世帯は生きるか死ぬかの瀬戸際に立たされることが多かったといわれ，インフォーマルな罰則の重大さがわかる（恩田，2006）．

表5-2　オストロムの制度設計の原理

	定　義	詳　細
原理1	明確に定義された境界線が存在すること	資源の境界線がはっきりとしている．誰が利用でき，利用できないかがはっきりしている．
原理2	適合性の存在	個人が共有資源の管理のために支払う費用が，個人がコモンズから得る利益と適合している．
原理3	集団の意思決定の過程	大多数の資源の利用者の意見が制度設計に反映されている．
原理4	モニタリング	資源の利用状況あるいは資源利用者の動向が監視されている．
原理5	漸進的な処罰	ルールを守らない資源利用者はいきなり厳しい処罰を受けるのではなく，ルール違反の程度，常習犯かどうかなどによって漸進的な処罰を受ける．
原理6	係争を解決するメカニズムの存在	係争が発生した場合に，利用者およびそれを管理する政府などが低コストでその係争を解決するメカニズムが存在する．
原理7	資源利用者の最低限の権利が保障されていること	資源利用者が制度設計をする権利が，公的な政府や他の外部団体によって脅かされない．
原理8	重層的なガバナンスの体制	様々なレベルにおいて統治（ガバナンス）を行う団体が存在する．

このような制度を分析するうえで，オストロムは，世界中から様々な共有資源の管理を行う制度の事例を集め，それらをメタ分析することを通じて，どのような制度であれば持続的に共有資源を管理できるのか，8つの制度の設計原理 design principle として明らかにした（Ostrom, 1990）．この設計原理は，表5-2に示した通りである．近年の研究では，共有資源の持続的な利用と管理には，これら以外の要因が働いていることが明らかになってきている．さらに，原理4のモニタリングと原理5の漸進的な罰則が非常に重要な役割を果たしていることが論じられるようになってきた（Anderies et al., 2004；Araral, 2011；Cox et al., 2010；Gibson et al., 2005；Janssen, 2013；Janssen and Ostrom, 2014）．

また，オストロムを中心として行われてきた経済学や政治学に根差した共有資源の管理の制度に対する批判も多く見られる（Bardhan and Ray，2008；Johnson，2004；Cleaver and De Koning，2015；Cleaver and Whaley，2018）．特に，人類学者や社会学者を中心として，従来の研究が管理の制度をあたかも社会の中から独立したもののように取りあげ，共有資源と制度の関係のみを分析してきたが，制度自体がいかに社会や文化の中に埋め込まれてきたのかを十分に理解できないとして厳しい批判を受けるようになった*[1]．すなわち，多くの地域においては，共有資源を管理する制度を設計するにあたって，地域の人たちが公平に資源にアクセスできることや，貧者・高齢者への特別な配慮を行うことがあり，単に資源の最適な管理の視点のみからは，説明できないことが明らかにされた（Mosse，1997）．さらに，多くの場合は，制度の設計は，地域に存在する権力関係に左右されることも，これらの研究者は指摘している（Cleaver and Whaley，2018；Ishihara et al.，2017）．例えば，アグラワルによるネパールにおける研究では，女性が主な共有資源の利用者であるにも関わらず，制度の設計にあたっては，ジェンダー関係において優位にある男性の声のみが反映されている．その結果，女性が資源利用を通じて培った伝統的な知識が制度設計に対して反映されないだけでなく，自分たちの声が反映されていない制度に対して女性たちは，機会があるごとに制度に対する違反をくり返すこ

*[1]　これらの論者は共有資源の研究の分野では，クリティカル制度派 critical institutionalism と呼ばれ，イギリスの共有資源の研究者であるクリーバーを中心として研究がなされている（Cleaver, 2017；2000）．これらの研究が，クリティカル制度派と呼ばれるのは哲学の中で発展してきた批判的実在論 critical realism の影響を受けているからである．

とが報告されている（Agrawal, 2001）．しかし，本章では，これらの議論からではなく，オストロムの制度の設計原理を用いて，日本における漁業管理の制度を論じる．次の節では，三重県志摩市和具地区にけるイセエビ漁業の管理を事例として取りあげる．

3．三重県志摩市和具地区におけるイセエビ漁業の管理

(1) 現行のイセエビの管理制度

三重県は，千葉県と並び，国内においてはイセエビの有数の漁獲量を誇っている．三重県志摩市和具地区（図 5-1）においては，古くからイセエビ漁業が実施されてきた（志摩町史編纂委員会, 2004）．和具地区のイセエビ漁業は，三重外湾漁協の下に組織されている「和具海老網同盟会」によって管理されており，同会が漁期の始まる前の 9 月に総会を開き，順応的な管理制度を設定している．現在，同会は志摩支所，和具事業所に所属する 25 名のイセエビ漁業者によって組織されており（2019 年 10 月現在），それぞれ 2 年任期の会長と副会長によって率いられている[*2]．さらに，この 25 名の漁業者は 5 つの「浜」と呼ばれるグループに分かれており，それぞれの「浜」より「年行司」と呼ばれる代表者が選出されている．

現行の管理制度は，海老網漁業同盟会規約（1932 年施行，以下規約）としてまとめられており, 3 つの取り決めの集まり（①グループ操業に関わる取り決め，②個人操業に関わる取り決め，③漁期を

[*2] 副会長は会長の推薦によって選出され，副会長を 2 年務めた後は，会長に就任する．会長は退任すると相談役（「顧問」と地区では呼ばれる）として次の 2 年は海老網同盟会の幹部に残る．

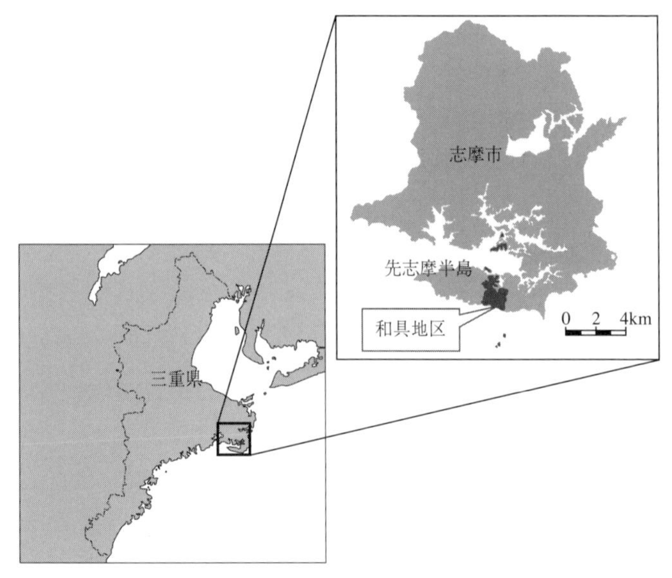

図 5-1　三重県志摩市和具地区

通じて実施される取り決め）に分けることができる*[3]．グループ操業とは，漁業者たちが個々人で船を出すのではなく，「浜」単位で船*[4]を出して1漁業者当たり2帖の刺網を使ってイセエビ漁を実施し，水揚げ金額を漁業者の間で均等に分割する形態の操業を指す*[5]．漁期の前半（10月から12月あるいは次の年の1月ごろまで）

---

*[3]　すべてのルールが海老網漁業同盟会規約に記載されているわけではなく，一部は毎年開かれる総会において決められたことも含まれている．

*[4]　「年行司」が所有する船，あるいは海老網同盟会が所有する船外機付きの小型の船を使用する．

*[5]　このように集団で利益を均等またはそれに近い形で配分する共同操業は，プール制と呼ばれ，全国各地に例が存在する．国際的に見てもこのようなプール制が盛んに実施されている地域は日本が多く，早い者勝ちの競争を避けて漁業管理を実施する効果を狙った仕組みとして，国際的にも注目されている．

は，グループ操業が，図 5-2 において薄いグレー（点線枠）で示されている漁場（漁港に近い「禁漁区」と呼ばれる漁場）において実施されているのに対して，漁期の後半（12 月あるいは 1 月から 4 月まで）は，個人操業が濃いグレー（太い実線枠）で示されている漁場（「地磯（じいそ）」と呼ばれる）で実施されている．グループ操業時は漁場の選択は「早い者勝ち」ではなく，年行司と海老網同盟会の幹部が相談し，どの「浜」がどこの漁場を使うかを決定する．漁場の割当，また水揚げ金額の均等割りを見ても，この期間は調整が行き届いた整然とした漁業が実施されている*6（図 5-3，5-4）．

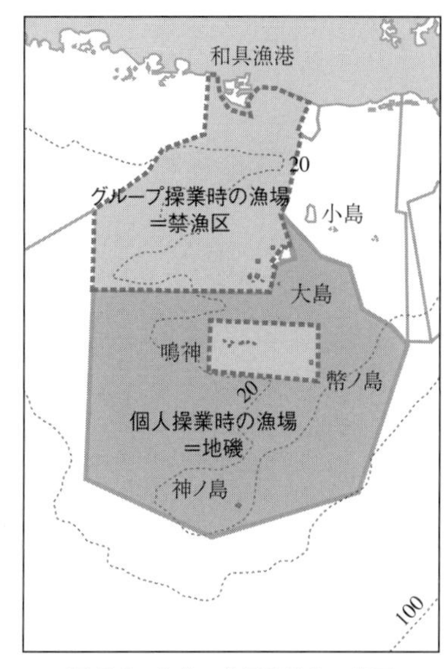

図 5-2　和具の共同漁業権の範囲

このような調整の行き届いたグループ操業と異なり，個人操業においては，個々の漁業者が最大 9 帖の刺網を用いて互いに競争しつつ操業する．この期間においては，漁場も割当ではなく，早い者勝ちであるため，エンジンが大きく，足の速い船にとって有利な操

*6　このようなグループ操業は，西村（2013）によると，従来は正月前に数回，図 5-2 に示された大島の周辺のみで実施されてきた．今のようにグループ操業が実施されるようになったのは 2000 年代以降のことであり，これは地域の高齢化と非常に深い関わりがある．

図5-3　グループ操業時に使用される船外機付きの船

業となっている．ただし，なるべく漁業者間で平等な機会が担保されるよう，個人操業時は，午後2時（海人漁*7が始まる3月からは午後3時）に，漁港の外にその日漁に出る船が1列に並び，会長の掛け声とともに一斉に出港する．また，この期間の水揚げは，プール制のときのように均等に分けるのではなく，それぞれの漁獲量に水揚げ高は対応する．しかしながら，このような個人操業の時期においても，完全な競争というわけではなく，一定の調整が見られる*8．例えば，先述のように網がけに出る時間が決められている

*7　素潜りによる漁業．

*8　2018年－2019年の漁期においては，グループ操業から個人操業に切り替えた直後に，イセエビの1日の漁獲量が和具地区で1トン（通常は300～400 kg前後）を超えたことから，イセエビの値崩れを防ぐため，一度は個人操業に切り替えたものの，再度グループ操業に戻し，漁獲量の調整を行った．このようなことからも，個人操業時においても一定の調整が25名の漁業者の中で行われていることがわかる．

ことは調整の1つであるし，そもそもその日にイセエビ漁に出るかどうかは，25人のイセエビ漁業者の集まりによって決められている（図5-5）．

図5-4　漁師たちがイセエビの網をしかけている様子

加えて，グループ操業と個人操業に関する取り決めの他に漁期全体を通じて適応される取り決めも存在する．例えば，満月前後の5日間はイセエビ漁を休みにする月夜休みの取り決め（海老網漁業同盟会規約19条）や，一定の大きさ未満のイセエビ（グループ操業時は120 g以下，個人操業時は100 g以下*[9]）は再放流するなどの取り決めが存在する．さらに，刺網については，現在3枚構造の刺網が使われているが，1操業につき最大で利用できるのは9帖と決められており（規約10条），網の糸の太さやメッシュの大きさなどに関する取り決め（規約20条）も存在する．またそもそもイセエビ漁は4月末から9月末まで半年近く禁漁期間を設けている．このように複雑な取り決めの集まりを掛け合わせることで，和具地区においてはイセエビ漁を柔軟に管理している点を，オストロムの設計原理から分析

*9　これは県条例で決められた70 g以下の個体の再放流よりかなり厳しい．

図5-5　グループ操業時に利用される大きなエンジンの船

する．

(2) オストロムの設計原理から見た和具地区の管理制度

まず，設計原理の1の「明確に定義された境界線が存在すること」から見ていくと，資源利用者の境界線に関しては，三重県知事から漁協に免許された漁業権漁業の区域が明確に存在し，この区域内では，和具海老網同盟会に所属する漁業者，および海女漁業同盟会に所属する者のみがイセエビ資源を利用できるようになっている．資源利用者と利用できない者の境界線ははっきりしている．さらに，海老網同盟会に関して興味深いのは，新規参入が非常に難しくなっている点である．新規参入者は最初の2年間は5帖の網（一般には9帖）しか所有することができず，グループ操業時に均等に漁業者に配分されるプール制の水揚げも最初の年は1/3，次の年は2/3の配当しか受け取れない取り決め（規約24条）となっている．このように新規参入が難しいため，多くのイセエビ漁業者の間には強固な信頼関係があり，それが同地区において漁業管理を下支えしている点も見逃せない．

次に，原理2「適合性」，すなわち，共有資源の管理のために支払う費用と便益の関係であるが，基本的に管理は漁業者が行い，その便益も漁業者が受けているため，適合は存在しているといえる．特に，イセエビに関しては再生産過程（産卵量と加入量の関係性）がはっきりしないため*[10]，漁獲圧を管理することによって，持続的な利用を目指すのは困難な状況にある．しかし，定着性の資源であり，自然界では親エビの死亡率が低いため，共同漁業権に基づいて空間的に漁場を管理することが重要であるとされる（對木ら，1999）．このような空間的な管理を実施するために，和具では漁場の境界線に竹と浮きで印をつけているが，それらの管理は「年行司と海老網同盟会の幹部によって実施されている．年行司は，「浜」ごとに持ち回りで担当するため，管理の費用は公平に分配されているといえる．また，便益に関しては，少なくともグループ操業の間は，プール制によって25人の漁業者に均等に分割されることにより公平分配されていることがわかる．また，個人操業時においても，水揚げ自体は均等割ではないが，漁場間の不公平が出ないように，同じ時間に網がけや網あげに行くなど様々な工夫がなされている．この点からも適合性があるといえる．

---

*10　イセエビは日本近海で産卵・孵化した後，フィロゾーマ幼生となり，外海，マリアナ海溝付近まで浮遊していくとされる．体長30 mm ぐらいのプエルルス幼生となった段階で，黒潮に乗って日本近海に戻ってくる．その後は定着し，移動はしなくなる（對木ら，1999）．

原理3の「意思決定過程」に関しては，前述のようにグループ操業時には「浜」の代表者である「年行司」が集まり意思決定しており，個人操業においては，すべての漁業者の集まりによって操業を行うかどうかを決めている．さらに，グループ操業時においても，グループ操業から個人操業への切り替えの日程の決定などの重要な決定事項があると，すべての漁業者の集まりが開かれており，その点においてもすべての漁業者の声が反映される管理制度となっている．実際に年行司や海老網同盟会の幹事たちは，漁業者の声を集約するよう努め，順応的に管理を実施している．

原理4「モニタリング」と原理5「漸進的な罰則」に関して述べると，モニタリングに関しては，グループ操業時はグループで操業するため，ルールに違反する行為を実施することが難しいだけでなく，個人操業時においても，網がけや網あげは決められた時間に一斉に行うため，「共監視」が行き届いている．また，図5-2（71ページ）において示した共同漁業権の範囲内に隣接地区のイセエビ漁業者が侵入してきた可能性があると，年行司や幹部による監視を強化することによって防いでおり，共同漁業権が与えられた範囲においては，モニタリングが行き届いていると考えられる．また，海老網同盟会に所属する漁業者がルールに違反した場合は，罰金あるいは一定の期間漁業の停止が課される（規約47条）ことになっている．

原理6の「係争を解決するメカニズムの存在」に関しては，明文化されたメカニズムは存在しない．しかし，グループ操業時は，毎日，年行司と海老網同盟会の幹部のミーティングがあり，個人操業時はすべての漁業者のミーティングがあることを考えると，これらのミーティングにて解決されていると推測される．また，他の漁業との係争に関しては，海老網同盟会の総会および漁協の総会を通じて解決がなされている．例えば，毎年開かれる漁期の開始前に開かれる総会の議事録では，他の漁業からの申し入れについて議論がなされている．この議論の結果は，漁協の総会で話し合われ，解決が図られている．

最後に，原理7「資源利用者の最低限の権利が保障されていること」と原理8「重層的なガバナンスの体制」について述べる．日本の漁業においては，漁業法（1951年施行，法律267号）によって漁業権が確立されており，最低限の権利は国によって保障されている．また，重層的なガバナンスの体制に関して述べると，前述の他の漁業との係争解決の方法に見られるように，海老網同盟会と漁協が重層的に存在していることがわかる．さらに，日本の沿岸漁業の管理においては，漁協の上の都道府県レベルには，海区漁業調整委員会が，また複数の都道府県をまたぐレベルには，広域漁業調整委員会が存在する．これらの委員会が，それぞれのレベルで問題が起きた場合に係争を解決するだけでなく，新しい管理の制度（ルール）づくりを行っている（牧野，2013）．この点でも，重層的なガバナンスの体制があることがわかる．

4．むすびにかえて

ここまで，三重県志摩市和具地区におけるイセエビ漁の管理体制は，オストロムの設計原理に適合した管理が実施されていることを見てきた．そして，この地区の管理の事例は日本では珍しいものではなく，類似の事例は日本国内で数多くの沿岸漁業で見られる．沿岸漁業だけでなく，森林の管理や農地における水利権の管理でも，日本には類似の事例は多い．

確かに，オストロムの設計原理を満たしたからといって，必ず資源の持続性を保証できるわけではない．しかしながら，漁業者が日々ミーティングを実施し，漁業者全体の声を反映し，順応的に管理している点は評価されるべきである．筆者はこのような漁業者の声を反映させる制度が，多様な形の漁業をかかえる日本の沿岸漁業管理においては，特に重要であると考える．それは次のような理由からである．漁獲対象の魚種が多いため，すべての魚種に対して資源評価がなされているわけではない．また，各地域のそれぞれの生態系に関する科学的な知見も不足しているのが現状である．このような中では，漁業者がもつ知識，伝統的な知識 traditional ecological knowledge が，漁業管理の制度を設計するうえで重要である（Berkes, 2003）．現状の和具地区の制度はそれを反映しつつ，順応的にイセエビが管理されていると考えられる．筆者は，伝統的な知に漁業管理が根ざしていればいいと論じたいわけではない．ただ，日本のように多様な漁業においては，科学的な知識の限界を認識しつつ，科学的な知識と伝統的な知識とのバランスをとる管理をさらに発達させるべきなのではないか？　さらにいえば，これが多様性に富んだ，豊かな未来の魚食文化を守る方策なのではないだろうか？（石原広恵）

文　献

Agrawal B.（2001）. Participatory exclusion, community forestry and gender: an analysis for South Asia and the conceptual framework. *World Dev*. 29: 1623-1648.

Anderies JM, Janssen MA, Ostrom E.（2004）. A framework to analyze the robustness of social-ecological systems from an institutional perspective. *Ecol. Soc*. 9: art18. https://

doi.org/10.5751/ES-00610-090118.

Aoki M.（2001）. Community norms and embeddedness: a game theoretic approach. In: *Communities Market Econmic Development*. Oxford University Press, 97-128.

Araral E.（2011）. The impact of decentralization on large scale irrigation: evidence from the Philippines. *Water Alternatives* 4: 14.

Bardhan PK, Ray I.（eds）.（2008）. *The Contested Commons: Conversations between Economists and Anthropologists, 1st ed*. Blackwell Pub. Malden, MA.

Berkes F.（2003）. Alternatives to conventional management: lessons from small-scale fisheries. *Environments* 31: 5-20.

Bromley DW.（1989）. *Economic Interests and Institutions: The Conceptual Foundations of Public Policy*. Basil Blackwell. New York, NY, USA.

Bromley DW, Cernea MM.（1989）. *The Management of Common Property Natural Resources: Some Conceptual and Operational Fallacies*. World Bank Publications.

Chambers C, Carothers C.（2017）. Thirty years after privatization: a survey of Icelandic small-boat fishermen. *Mar. Policy* 80: 69-80.

Cleaver F.（2017）. *Development through Bricolage: Rethinking Institutions for Natural Resource Management*. Routledge.

Cleaver F.（2000）. Moral ecological rationality, institutions and the management of common property resources. *Dev. Change* 31: 361-383.

Cleaver F, De Koning J.（2015）. Furthering critical institutionalism. *Int. J. Commons* 9: 1-18.

Cleaver F, Whaley L.（2018）. Understanding process, power, and meaning in adaptive governance: a critical institutional reading. *Ecol. Soc.* 23: 49.

Cox M, Arnold G, Villamayor Tomás S.（2010）. A review of design principles for community-based natural resource management. *Ecol. Soc.* 15: art38. https://doi.org/10.5751/ES-03704-150438.

Feeny D, Berkes F, McCay BJ, Acheson JM.（1990）. The tragedy of the commons: twenty-two years later. *Hum. Ecol.* 18: 1-19. https://doi.org/10.1007/BF00889070.

Gibson CC, Williams JT, Ostrom E.（2005）. Local enforcement and better forests. *World Dev.* 33: 273-284. https://doi.org/10.1016/j.worlddev.2004.07.013.

Hardin G.（1968）. The tragedy of the commons. *Science* 162: 1243-1248.

Ishihara H, Pascual U, Hodge I.（2017）. Dancing with storks: the role of power relations in payments for ecosystem services. *Ecol. Econ.* 139: 45-54.

Janssen MA.（2013）. The role of information in governing the commons: experimental results. *Ecol. Soc.* 18: art4. https://doi.org/10.5751/ES-05664-180404.

Janssen MA, Ostrom E.（2014）. Vulnerability of social norms to incomplete information. In: Xenitidou M, Edmonds B.（eds）. *The Complexity of Social Norms, Computational*

Social Sciences. Springer International Publishing, Cham., 161-173. https://doi.org/10.1007/978-3-319-05308-0_9.

Jentoft S.（2019）. *Life Above Water—Essays on Human Experiences of Small-Scale Fisheries*. TBTI Glob. Book Ser. 1.

Johnsen JP, Jentoft S.（2018）. Transferable quotas in Norwegian fisheries. In: *Fisheries, Quota Management and Quota Transfer*. Springer, 121-139.

Johnson C.（2004）. Uncommon ground: the 'poverty of history' in common property discourse. *Dev. Change* 35: 407-434. https://doi.org/10.1111/j.1467-7660.2004.00359.x.

牧野光琢.（2013）.「日本漁業の制度分析－漁業管理と生態系保全」. 恒星社厚生閣.

Maurstad A.（2000）. To fish or not to fish: small-scale fishing and changing regulations of the cod fishery in northern Norway. *Hum. Organ*. 59: 37-47.

Mosse D.（1997）. The symbolic making of a common property resource: history, ecology and locality in a tank-irrigated landscape in south India. *Dev. Change* 28: 467-504. https://doi.org/10.1111/1467-7660.00051.

西村絵美.（2013）. 実態分析 漁業者の集団的行動とその展開に関する一考察 : 三重県和具地区の海老網集団を事例として. 漁業経済研究 57: 107-122.

恩田守雄.（2006）.「互助社会論 — ユイ, モヤイ, テツダイの民俗社会学」. 世界思想社.

Ostrom E.（1990）. *Governing the Commons: The Evolution of Institutions for Collective Action*. Cambridge University Press.

志摩町史編纂委員会.（2004）.「志摩町史 改訂版」. 日本出版.

對木英幹, 山川 卓, 青木一郎, 谷内 透.（1999）. イセエビ漁業における若齢個体の漁獲管理. 日本水産学会誌 65: 464-472. https://doi.org/10.2331/suisan.65.464.

Vatn A.（2007）. *Institutions and the Environment*. Edward Elgar Publishing.

Wade R.（1989）. *Village Republics*. Cambridge University Press.

Wessells CR, Wilen JE.（1994）. Seasonal patterns and regional preferences in Japanese household demand for seafood. *Can. J. Agric. Econ. Can. Agroeconomie* 42: 87-103.

6章
欧米型漁業管理の歴史と日本漁業

水中に生息する野生生物であることから，水産資源は他の天然資源とは異なるいくつかの特徴をもつ．

第1の特徴は「自律更新性」である．魚は，被食等による自然死亡や漁獲によって減耗する一方，親が卵や子を産むことで自律的に更新（再生産）される「再生可能資源」である．このため，漁獲圧の調節等によってその再生速度と減耗速度のバランスを適切に保つことができれば，将来にわたる持続的利用が可能になると期待される．

第2の特徴は「無主物性」である．天然野生生物である魚は，水中を泳いでいる状態では誰のものでもない無主物であり，漁獲によって最初に手中に収めた者がその所有権を主張できる（無主物先占）．このため，漁業を完全な自由競争に委ねると，早い者勝ちの漁獲競争によって乱獲へと至る．これは，Hardin（1968）の「共有地の悲劇」や，囚人のジレンマ・社会的ジレンマと共通の問題構図であり，市場取引の裏で生じる資源量の低下という外部不経済をいかにシステム中に内部化していくか，という課題を投げかける．

第3の特徴は「不確実性」である．魚は移動・回遊し，環境の影響等を受けて資源量が年々大きく変動する．このため，眼前の海に魚群が来遊し，獲れる状態になっている今のこのときにできるだけ獲っておこうという心理が漁業者にはたらく．将来の不確実性が大きいほど，現在価値と比較した将来価値を大きく割り引いて評価することになる．それが漁獲競争に拍車をかけ，漁船装備の過剰化を促進する．また，水中に生息する魚とは異なり，陸上動物であるヒトが水中を直接に観察する能力と機会は限られている．このため，各種調査による資源評価結果には大きな誤差を伴う．また，再生産の大きさは自然環境の影響等によって年々変動し，事前予測を困難とする．このような資源評価や将来の動向予測における不確実性は，管理失敗のリスクを招く元となる．

水産資源の以上の特徴のうちの「自律更新性」を適切に利用すれば，将来にわたる持続的利用が可能となるはずである．しかし，漁業を自由競争に委ねると，「無主物性」に起因する漁獲競争によって乱獲が生じる．また，「不確実性」の存在によって，漁業者が将来よりも現在を優先する傾向が助長されるとともに，管理失敗のリスクが付きまとう．――このような水産資源を持続的に有効利用していくためには，どのようにすればよいのだろうか？

本章では，主に欧米における資源管理の発展プロセスを振り返りながら，いわゆる「グローバルスタンダード」とされている「科学的資源管理」の手法を概観するとともに，今後の日本漁業における水産資源管理のあるべき姿について考える．

1．欧米諸国における水産資源管理の歴史と考え方

水産資源はかつて無尽蔵と考えられていた．海は広大で，それに比べてヒトの力はごく小さなものだった．中世欧州社会の基本法であるローマ法では，「海はすべての者に開放される万民の共有物」と考えられていた．一方，17 世紀初頭には，海洋の管轄権に関して，オランダの Grotius が「公海自由の原則」を主張する『自由海論』

を刊行し，「封鎖領海論」を主張するイギリスのSeldenらと対立した．『自由海論』では「資源は無尽蔵であり，万人に開放されるべき共有物である」という理念が論拠のひとつとして主張されたのに対し，一方の「封鎖領海論」では「漁業資源には限界があり各国の財産である」との主張がなされた．

欧州における近代以前の漁業は主に，狭い沿岸域で行われていた．良好な漁場であった北海沿岸域の底曳き網漁業についても，小型の帆船によるビームトロール*[1]で行われていた．しかし，19世紀の末になると，蒸気エンジンを搭載した大規模な汽船トロール漁業が開始され，カレイ類やタラ類などの底魚類が北海全域で漁獲されるようになった．この技術革新により，沿岸資源から沖合資源へと資源開発が急速に進展するとともに，その高い漁獲圧によって，1日1隻当たり漁獲量の低下や，漁獲物の魚体の小型化が顕著になりはじめた．

こうしたなか，欧州の国々は周辺水域での水産資源の保存・管理に関心をもちはじめ，北海の水産資源の科学的調査を任務とする国際海洋開発委員会 International Council for the Exploration of the Sea（ICES）を1902年に設置した．ICESの設立は今から100年以上も前のことであり，水産資源に関する現存の国際組織としてもっとも古い．ICESの下部組織に科学委員会が設置され，後に，最大

---

*[1] 「ビーム」とは，梁（はり）や桁（けた）を指し，「トロール」とは底曳き網を指す．ビームトロールとは，底曳き網の開口部に梁や桁を取り付けて開口部を広げることによって魚が網に入りやすくした底曳き網漁業の仕様を指す．現在ではオッターボードと呼ばれる板を網の開口部の左右に設置し，オッターボードが受ける水の抵抗を利用して開口部を広げる大規模な「オッタートロール」が主流であるが，初期の底曳き網では小規模な「ビームトロール」が主流であった．

持続生産量 Maximum Sustainable Yield（MSY）の概念が Russell（1931）により提示されることになる．MSY は漁業資源の利用の仕方について目指すべき理想を数値で示す点に意義があり，理念や理想を重んじる欧米諸国における資源管理の目標として広く採用されていった．

英米法体系諸国における漁業資源管理制度は一般に，公共信託法理の理念を基礎とする（牧野・坂本，2003）．そこでは国と市民（個人）の直接的関係に基づき，国による資源管理と，市民一般による資源利用が志向される．国民共通の財産である水産資源の管理は一般市民から信託を受けた政府の義務であり，市民であれば基本的には誰でも資源を利用する権利を有する．このため，漁業への参入自由 open access が基本であり，法令に基づく明確な規定の設定と遵守が，資源の利用関係における優先事項となる．そのようななかで科学者の役割は，科学モデルに基づくルール設定の拠りどころを提供し，国によるトップダウン的な出口管理（後述）の推進基盤を担うことにあった．

これに対して日本の漁業資源管理は，沿岸地域における長年の歴史のなかで培われてきた「資源利用者（地元漁業者）自身による資源の保護・培養」という理念のもとでの自生的制度を背景とし（牧野・坂本，2003），入口管理（後述）を中心に進められてきた．資源の利用関係は，ボトムアップ過程を通じた漁業者間の合意形成によるきめ細かな取り決めと，とも詮議[*2]を基本とする．その反面，大き

[*2]　とも詮議とは，地域社会や漁業協同組合などの組織における漁業者相互のけん制・監視を通じて，決められたルールを守り，資源管理を進めること．5章（石原）の「ピアー・プレッシャー」に相当する．

な軋轢を伴うような厳しい管理措置の導入は見送られがちである．このような「日本型資源管理」における科学者の役割は，1980年代から1990年代に国を挙げて運動展開された「資源管理型漁業」の推進過程でみられたように，漁業者自身による管理の実践に科学的助言を与えて側面から支援することが主であった．

欧米諸国と日本の間での水産資源管理の基本的枠組みの違いは，以上のような資源の利用関係における人々の考え方や慣習の違いに拠るところも大きいが，それに加えて，欧米諸国では前述のように沖合域での大規模漁業の発展を契機とする必要性に迫られて資源管理が進展してきたのに対して，日本では古くからの沿岸域における多様な小規模漁業間／漁業内での利用調整（漁業調整）を主たる関心事項として管理が進められてきたという歴史的経緯の違いや，管理対象の空間スケールの違いに起因するところが大きいと考えられる．さらに，大西洋の比較的高緯度帯に位置する欧州とは異なり，日本では周辺水域の生物多様性が高く，対象魚種数や漁業種類数も多様であるという自然・文化的風土，産業構造の違いも大きく影響しているといえよう．とはいえ今般の漁業法改正においても，「資源管理については，国際的にみて遜色のない科学的・効果的な評価方法及び管理方法とする」*[3] ことが掲げられており，両者の良い点を組み合わせながら効果的で望ましい管理を実施していく必要がある．

以下ではまず，欧米諸国で発展し利用されてきた科学モデルを概観する．大別して，成長－生残（および再生産）モデルの系譜と，

---

*[3] 水産庁：水産政策の改革のポイント．
https://www.jfa.maff.go.jp/j/kikaku/kaikaku/attach/pdf/suisankaikaku-9.pdf

余剰生産量モデルに基礎を置く Gordon-Schaefer モデルの系譜に分けられる．また，それらの中間的な性質を併せもつモデルとして位置づけられる遅延－差分モデル delay-difference model も有用なモデルではあるが，ここでは紙幅の都合上，割愛する．

2．成長－生残モデルと再生産モデル

(1) 成長－生残モデル dynamic pool model

成長－生残モデルは，魚の生活史に沿って，各年級群（コホート）の成長・生残の時間的（多くは経年）変化を追いながら資源量や漁獲量の推移を記述するモデルである．Baranov（1918）にはじまり，Beverton and Holt（1957）によって体系づけられた．後述の余剰生産量モデルとは異なり，魚の年齢構成を考慮した資源動態モデルとして広く用いられる．

成長－生残モデルでは，一般に変動の激しい初期減耗を経た後の，漁獲対象資源に「加入 recruit」した後の生残過程（図6-1）をモデル化する．加入後の個体数の瞬間的な減耗率 Z（全減少係数 total mortality coefficient）が年齢によらず一定であると仮定し，その内容を，漁獲による減耗分と，食害や飢餓，病気などの自然要因による死亡・減耗分に分解して，$Z = F + M$ とする．ここで，F は漁獲係数（間引きの強さ）fishing coefficient，M は自然死亡係数 natural mortality coefficient である．そして，これらを用いて加入から寿命を迎えるまでの資源の減耗過程を記述し，各年齢における資源尾数 N（＋成長による体重増を加味した資源量 B）と漁獲尾数 C（と漁獲量 Y）を計算する．

魚の生涯にわたる期待漁獲量 Y を加入尾数 R で割れば，加入当

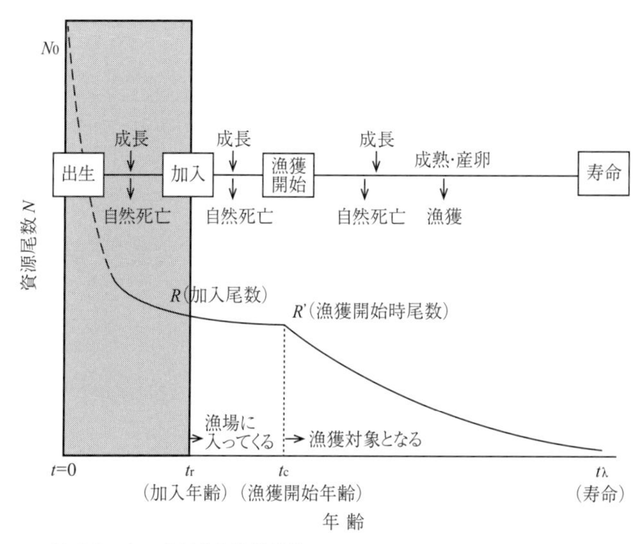

図 6-1　魚の生活史と漁獲過程
灰色の四角で囲った部分は，減耗の激しい初期生残過程を表す．

たり漁獲量 YPR（*Y*/*R*：Yield Per Recruit）が計算でき，それを指標に加入後の適切な漁獲方針を探ることができる．本来ならもっと高い YPR が期待できるのに，漁獲開始年齢が低すぎたり漁獲係数が大きすぎたりするために低い YPR しか得られない状態にあることを成長乱獲 growth overfishing という．これに対して，高い漁獲圧で産卵親魚量が低下し，次世代の加入量が低下してしまう状態を加入乱獲 recruitment overfishing という．YPR を指標にした管理は，成長乱獲の回避によって加入資源を有効利用しようとする管理である．これに対して，産卵親魚量を確保して加入乱獲を防ごうとする管理を再生産管理という．

現実の資源管理では，漁獲を行おうとする人為活動量の大きさとしての漁獲努力量 fishing effort X を考え，F を X の関数で表すと都合が良い．通常，F は X に比例すると仮定して $F = qX$ と表すが，$F = qX^b$ のように F を X のべき乗で表すモデルが使用される場合もある．係数 q は漁具能率と呼ばれ，漁具の性能の大小を表す．漁獲努力量 X は，漁獲を行う際の資本・労働等の投入量であり，操業した延べ漁船隻数，船の延べトン数，操業日数，投縄・投網回数など，実測可能な漁撈行為の量として表される．

一方，漁獲量 C を漁獲努力量 X で割ったものを単位努力当たり漁獲量 Catch Per Unit Effort（CPUE）といい，当該海域における資源密度の高低を表す相対的な指標（資源密度指数）として利用される．

(2) 再生産 reproduction モデル

親世代と子世代の量的関係を再生産関係 stock-recruitment relationship，その関係を表した曲線を再生産曲線という．親魚量と加入量，期待産卵数と加入尾数，などの関係として表される．一般には密度効果 density effect [*4] のために，再生産曲線は頭打ち（飽和型）か，ピークのある形（単峰型）となる（図 6-2）．親と子の

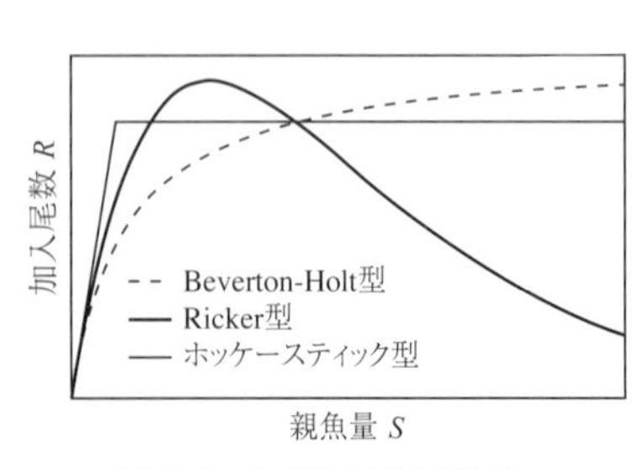

図 6-2　代表的な再生産曲線

[*4] 密度効果とは，ある生物の個体数が増大して生息密度が高まるにつれて，個体数の増加速度が低下する現象を指す．生息密度の高まりに伴う 1 個体当たりの餌の不足や生活空間の不足，代謝産物の蓄積による環境悪化，疾病の発生，捕食者や共食いの増加などに起因する．

量を生活史の同一段階（親世代の加入量に対する子世代の加入量の関係など）で与えると，原点を通る45°の直線（置き換え線）との交点で平衡状態が達成される．置き換え線よりも上の部分のみを漁獲すれば，加入乱獲を回避できる．

代表的な再生産曲線として，Beverton-Holt型再生産曲線，Ricker型再生産曲線，両者を包括する一般式（Deriso-Schnuteモデル）や，ホッケースティック型再生産曲線が利用される．環境収容力[*5]に起因する密度効果のために，Beverton-Holt型では親魚量Sが多くなるに従って加入量Rが一定値に漸近して頭打ちとなる．Ricker型では，ある特定の親魚量Sにおいて加入量Rがピークとなる単峰型の曲線となる．これらの曲線の原点での傾きは，密度がゼロのときの増加率を表し，内的自然増加率rに関与する．

実際の資源では環境要因などの影響で，再生産関係のデータは大きくばらつく．このため，例えば，どのくらいの親魚量を残せば将来，どのくらいの加入量が見込めるかを予測するシミュレーションでは，これらのモデルにランダムな変動を導入した再生産式が使用される．また，レジームシフト[*6]等の影響によってパラメータの値が長期的に変化するモデルや，水温等を補助変数に導入したモデルなども用いられる．

成長－生残モデルに再生産関係を導入すれば，加入→成長・生残→産卵→出生→加入の生活史サイクルが完結する．これによって，

---

*5　環境収容力とは，ある環境において，そこに継続的に生息できる生物の最大量を指す．特定の生物群集の密度（個体群密度）が飽和に達したときの個体数である．

*6　レジームシフトとは，十年～数十年の時間スケールで生じる，地球規模での大気－海洋－海洋生態系の構造転換を指す．「レジームシフト」に伴って，個々の水産資源の生産力や資源水準も長期的に大きく変動する．

後述のMSYの計算や，資源の最適利用に向けた様々な数値シミュレーションを行うことができる．

なお，加入尾数Rを親魚量Sで割った値を再生産成功率RPS（R/S：Recruit Per Spawning）といい，単位親魚量当たりの次世代加入尾数を表す．これに対して親魚量Sを加入尾数Rで割った値を加入当たり親魚量SPR（S/R：Spawning Per Recruit）といい，加入1個体当たりの期待親魚量を表す．

RPSの値は自然要因によって大きく左右され，人為的に制御できない．それは，親魚から環境中に放出された卵からふ化した仔魚が十分な餌にありつけるかどうかや，成長に適した環境水温を仔稚魚期に経験できるかどうか，また，捕食者となる他生物が周囲にどのくらい存在するかや，海水の流れによって生育に不適な海域に輸送されてしまわないかどうか，などの人為的に制御できない要因によって，最終的に加入まで生き残れる個体の数が大きく左右されるためである．仮に，1尾の親魚から100万個の卵が産み出され，それからふ化した仔魚のうちの1尾が親になるまで生き残れば資源は増えもせず減りもしないことになるが，平均して2尾が親になるまで生き残ったとすると資源は1世代で2倍に増え，逆に，平均0.5尾しか生き残らなかったとすると資源は1世代で半分に減ることになる．このように，環境要因に起因する仔稚魚期の微妙な生残率の違いが，資源変動に大きな不確実性をもたらす．

これに対してSPRの値は，加入してから親魚になるまでの生残率を，漁獲の強さの制御によって調節することで，ある程度，人為的に調節することが可能である．仮に，RPSの逆数に等しくなるように（すなわち，$SPR \times RPS = 1$となるように）SPRの値を調節することができれば，理論上，資源は増えもせず減りもせず，一定の水準に維持されることになる．なお，まったく漁獲がないときの SPR（$SPR_{F=0}$）に対する，漁業があるときの SPR の比率を％ SPR といい，加入乱獲を防止するためのひとつの目安として利用される．魚種（分類群や生活史特性など）によっても異なるが，多くの資源ではおおよそ，経験的に 30 ～ 40％ SPR 以上に保つことが推奨される．

以上が「成長－生残モデル」であるが，続いてもうひとつの代表的科学モデルの「余剰生産量モデル」について説明する．

3．余剰生産量モデル

(1) Russell の方程式

Russell（1931）は，水産資源の資源量の増減に影響する要素間の収支バランスを簡単な数式モデルで表現し，自律更新機能を利用して持続的な漁業を行える可能性を論議した．

ある漁期から次の漁期までの資源量 biomass の変化量 ΔB は，期間中における若齢魚の加入量 recruitment R と資源全体での成長量 growth G を合計したものから，自然死亡量 natural mortality D と漁獲量 yield Y を引いたもので表される[*7]．これらの要素のうち，人為的に直接制御できるのは Y のみであり，その他の 3 要素の収支として表される $\Delta P = R + G - D$ を自然増加量または余剰生産量 surplus production と呼ぶ．$Y = \Delta P$ のとき，すなわち，漁獲量が自然増加量に等しいときに $\Delta B = 0$ となり，資源量は変化せずに平衡

[*7] $\Delta B = R + G - D - Y$

状態になる．このときの漁獲量を持続生産量 sustainable yield，持続生産量のうちで最大のものを MSY という．

Russell 式における各要素を何らかのモデルで表し，各モデルに含まれる諸パラメータを推定することができれば，具体的な漁獲戦略の検討に利用することができる．

(2) 余剰生産量モデル

余剰生産量モデルは，Russell 式における自然増加量 P を個別の要素 R，G，D に分解せずに，一体的に扱うモデルである．資源全体をひとつの塊としてとらえ，その内容（年齢構成）には言及しない．

自然状態における生物資源（個体群）の増殖過程を考える．単位資源量当たりの資源の増加率が一定のときは，ネズミ算のように指数関数的に資源が増加する曲線が得られる．しかし実際には，個体密度の増加に伴って，餌不足や生活空間の不足，代謝産物の蓄積による環境悪化，疾病の発生，捕食者や共食いの増加などに起因する密度効果が生じるため，際限なく資源が増加することはない．一般には，あるところで頭打ちの S 字状の曲線（シグモイド曲線）となる（図 6-3 上）．密度効果を表す項の一例として，資源量 B の増加に伴って単位資源量当たりの資源の増加率が直線的に低下する式を仮定すると，増加速度は B に関する放物線で表され（図 6-3 下），全体としてロジスティック式[*8]に従う増殖曲線が得られる．環境

*8　ロジスティック式とは，生物の個体数の変化の様子を表すのに用いられる数理モデルのひとつである．ある単一種の生物が一定環境内で増殖するときに，その生物の個体数（個体群サイズ）の変動を予測できる．時刻 t の経過に伴う個体数や資源量 B の変化を，$B = K/[1+\exp[-r(t-t_0)]]$ で表す．ここで r は内的自然増加率，K は環境収容力，t_0 は増殖速度が最大となる時刻を表す定数である．$t \to \infty$ のときに B は環境収容力 K に漸近し，増殖が停止する．

収容力 carrying capacity を K とすると，この曲線は $B = K/2$ に変曲点があり，その点において資源の増加速度が最大となる．そして $t \to \infty$ で B は K に漸近し，増殖が停止する．

このような資源の増殖モデルに，漁獲による項（漁獲量 Y）を追加したものは Schaefer の余剰生産量モデル（Schaefer，1954）[*9] と呼ばれ，Russell 式における ΔP（$= R + G - D$）を，資源量 B の放物線で表したモデルに相当する（図 6-3 下）．自然増加量 P に等しくなるように Y を調節するときに資源の増減が 0 となり，平衡が達成される．このときの Y を持続生産量 Ye と呼ぶ．資源量 B が環境収容力 K の半分になるような漁獲を継続するときに Ye が最大となり，最大持続生産量 MSY が達成される．漁獲係数 F，漁獲努力量 X に関して，MSY

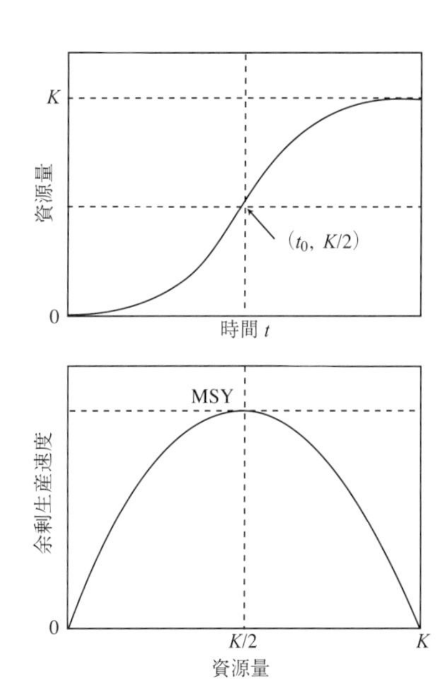

図 6-3　ロジスティックモデルによる生物個体群の増殖過程（上）と，Schaefer の余剰生産量モデル（下）
資源量が環境収容力 K の 1/2 のときに個体群の増殖速度が最大となり，MSY が得られる．

[*9] Schaefer の余剰生産量モデルは以下の式で表される．$\Delta B = \Delta P - Y = rB\left(1 - \frac{B}{K}\right) - Y$

を与える F（F_{msy}）と X（X_{msy}）を計算することもできる.

Schaefer モデルでは，資源の自然増加はロジスティック式に従うとしたが，Gompertz 式[*10]に従うとするモデルなども使用される. MSY を与える資源量 B_{msy} の値は仮定するモデルによって異なるが，いずれにせよ，環境収容力や密度効果の存在を前提とすれば，資源を獲りすぎず残しすぎず，両者の間のどこか中庸の資源量水準において，平均的な生産力が最大になることが期待される.

(3) 最大経済生産量（MEY）と最適生産量（OY）

社会経済的な視点からの管理概念に最大経済生産量 Maximum Economic Yield（MEY）がある. MEY は，資源から持続的に得られる最大の経済利益(利潤)をいう. その考え方をさらに拡張し，様々な価値尺度（効用）の最大化・最適化を目的として持続生産を達成しようとする管理概念に，最適生産量 Optimum Yield（OY）がある.

今，漁獲金額は漁獲量に比例し，生産コストは漁獲努力量に比例する変動費であると仮定して余剰生産量モデルに導入すれば，漁獲金額と生産コストの関係は図 6-4 のようになる. 利潤は両者の差となり，図中の P，すなわち，生産コストと平行な直線が漁獲金額曲線に接するときに最大（MEY）となる. 一方，MSY に対応する点は図の Q であり，MEY を与える漁獲努力量は MSY を与える漁獲努力量よりも常に小さくなる.

---

*10　Gompertz 式とは，「ロジスティック式」と同様に，生物の個体数の変化の様子を表すのに用いられる数理モデルのひとつであり，Gompertz（1825）によって提唱された. $B = K\exp[-\exp[-r(t-t_0)]]$ で表され，$t\rightarrow\infty$ のときに B は環境収容力 K に漸近し，増殖が停止する.「ロジスティック式」では $B = K/2$ のときに増殖速度が最大となるのに対して，「Gompertz 式」では $B = K/e$（e は自然対数の底；ネイピア数）のときに増殖速度が最大となる.

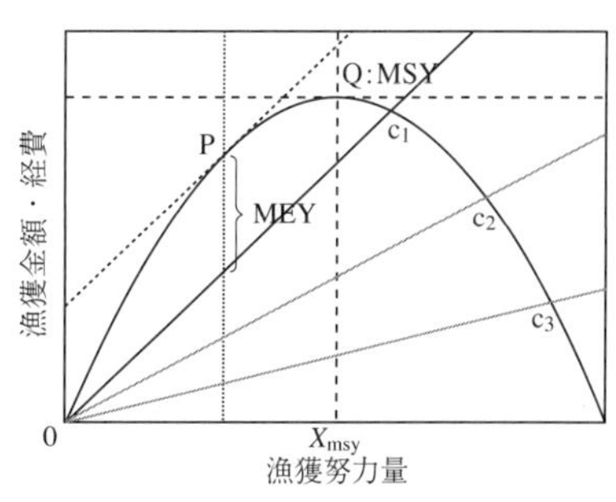

図 6-4　漁獲努力量と漁獲金額（太曲線）および生産コスト（実線の直線）の関係を表す Gordon の経済モデル
点 Q で MSY が，点 P で MEY（コスト線が原点→ c_1 の場合）が，それぞれ達成される．漁業への参入が自由な場合は利益がゼロになるまで新規参入が生じるため，単位コストの高低に応じて点 c_1，c_2，c_3 で平衡状態となる．

Gordon（1953）は，自由な漁獲競争下での経済均衡について考察し，以下の論議を展開した．水産資源は無主物であるため，漁業を参入自由の状態におくと，少しでも利潤がある限りは新規参入や新たな漁獲努力量の投下が起こり，ついには生産金額と生産コストが等しくなって利益がゼロとなる水準（図 6-4 の点 c_1，c_2，c_3）まで漁獲努力量が増加する．決して MEY は達成されない．コストが高くない場合は，MSY レベルを超えて乱獲に陥ってしまう．したがって，それを回避するための何らかの措置*[11] が必要であり，①資源を私有財産化し，分割所有させる，②資源を漁業者グループの財産にして協調的利用に供する，③資源を公有財産化し，細かい点まで公共機関が管理する，④漁獲努力量を適正点にもっていくような課税制度を導入する，のいずれかの採用が有効で

*[11]　水産資源は 5 章（石原）の**表 5-1** の分類における「共有材」（「排除性」がなく「競合性」がある財）に相当するが，独占的な利用権を付与することによって「排除性」を高めたり，組織内や公的なルールの制定によって「競合性」を弱めたりする措置が，乱獲の軽減・防止に有効であると考えられる．Gordon（1953）の提案による①～③の措置はそれぞれ，水産資源に①「私的財」，②「クラブ財」，③「公共財」的な性質を付与したうえで管理しようとするものであると解釈することができる．

ある，とした．Gordonの提案の①は今日のIQ制やITQ制に，②は日本の漁業権制度に，③はTAC制や許可制などの諸措置を組み合わせた管理に，それぞれ対応するといえる．

なお，以上のような，資源量と余剰生産量，漁獲の強さの関係に基づく生物経済モデルをGordon-Schaeferモデルと呼ぶ．

(4) MSYの有効性に関する議論

資源管理目標にMSYを採用することの是非や有効性をめぐって，これまで様々な議論が展開されてきた．なかでも，Larkin（1977）による「MSYの墓碑銘」は広く知られている．

M.S.Y.

1930年代～1970年代

MSYの概念が此処に眠る．
MSYは生産力を過剰に見積もり，
その配分方法を示すことはなかった．
特に魚たちのために，
我らは心を込めてMSYを此処に埋葬する．
MSYの後継となるものを我らは未だ知らないが，
人類のために良いものであることを祈っている．

（日本語訳：谷津，2001）

これに対してBarber（1988）は，Larkin論文以来のMSY概念の使用状況を調査した．その結果，海産哺乳類への使用は減少したが，魚類や政策決定には依然として多用されていることを報告した．そしてその理由として，①目的志向で漁業関係者や行政官にわかりやすいこと，②漁獲行為の帰結の予測を試みつつ魚資源の管理に利用できるという点で，MSY に匹敵するものが他にないこと，を挙げた．また，③資源管理の入口（操作因子）と出口（制御因子）を直接モデル化し，中間的な因子の介在がないことから，推定結果が一般に頑健であると期待されることも挙げられよう．

そもそも，親魚量がゼロならば加入量もゼロになることは自明の理である．このことから，親魚量を横軸に，加入量を縦軸にとったグラフは必ず原点を通り，少なくとも親魚量の少ない範囲では，親と子の量的関係が存在する，すなわち，親が増えれば子も増えることが導かれる．また，地球の大きさは有限であるため，特定の資源が無限に増え続けていくことはあり得ない．よって，いずれの資源にも有限の環境収容力が存在し，少なくとも親魚量の多い範囲では密度効果がはたらくことになる．以上より，親魚量がどこか中庸の水準において，平均的な生産力が最大になることが期待される．したがって，密度効果を含めた親と子の量的関係を表す何らかの平均的なモデルを考えることができ，そしてその周りに環境の影響を受けてプロット点がランダムに，あるいは系統的に，ばらつくモデルを考えることができる．これにより，レジームシフトが存在する場合や，RPS に経年的な自己相関の見られる場合などについても，資源動態を適切に表すことができる．

MSY に関する議論・意見が食い違う原因のひとつに，MSY の定義が単一ではなく，論者ごとに異なる定義の MSY をイメージしながら議論を進めているにも関わらず，その定義が相手に明示されないままに議論が堂々めぐりに陥ってしまっていることが挙げられる．平衡状態を仮定した古典的な Schaefer の余剰生産量モデルについても，漁獲量一定方策のMSY（Y_{msy}），獲り残し資源量一定方策のMSY（B_{msy}），漁獲率一定方策のMSY（F_{msy}, X_{msy}）などがある．さらには，平衡状態を仮定せず，資源の持続性を保ったうえでの最適な漁獲という意味での広義のMSYや，レジームシフト等に伴って環境収容力や内的自然増加率の値が中長期的に変化することを前提としたMSYなど，様々なバリエーションがあり得る．このようなモデルでは，MSYは単なる固定的な平衡漁獲量を意味するのではなく，資源の持続性を保ったうえでの最適漁獲，すなわち，資源の動的有効利用に関する最適化の追求といった意味合いを有するといえよう．

4．資源管理

(1) 漁獲管理規則（HCR）

「資源がどのくらい減ったら，どの程度獲るのを控え，どのくらい資源が増えたら，どの程度たくさん獲るか？」——この問いに定量的に答えようとするのが漁獲管理規則 Harvest Control Rule（HCR）である．対象資源の資源量やその増減に応じて漁獲係数や漁獲量を変化させる．

図6-5に漁獲管理規則の例を示す．図6-5aは，これまで用いられてきた日本の生物学的漁獲許容量 Allowable Biological Catch（ABC）算定規則であり，TAC設定の際の基礎（科学的根拠）として利用されてきた．資源量が十分大きな場合は，生物学的管理基準 Biological Reference Point（BRP，MSYを与える漁獲係数Fなど）に基づく一定の漁獲係数（F_{lim}，F_{target}）に従った漁獲が提言されるが，資源量がある閾値（B_{lim}）以下に減少した場合には，Fを

引き下げる資源回復措置が発動される．資源量が非常に低い水準（B_{ban}）以下に低下すると，禁漁あるいはそれに準じた措置が提言される．一方，改正漁業法下の新たな資源管理システムでは，MSYを実現する資源水準（親魚量）の値 SB_{msy} を目標管理基準値として新たに導入する（図6-5b）．欧米諸国や各種の国際委員会で用いられている諸ルールも概ね同様の形であり，不確実性に伴うリスクに対処するため，予防的措置 precautionary approach の考え方を導入して，適当な安全率[*12]を見込んだ控えめなルールが設定される場合も多い．

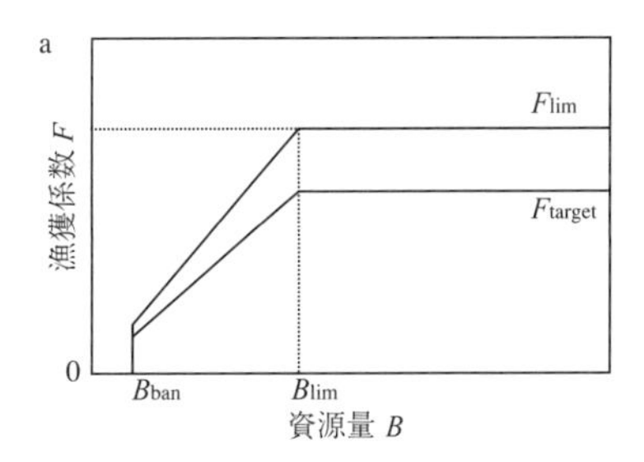

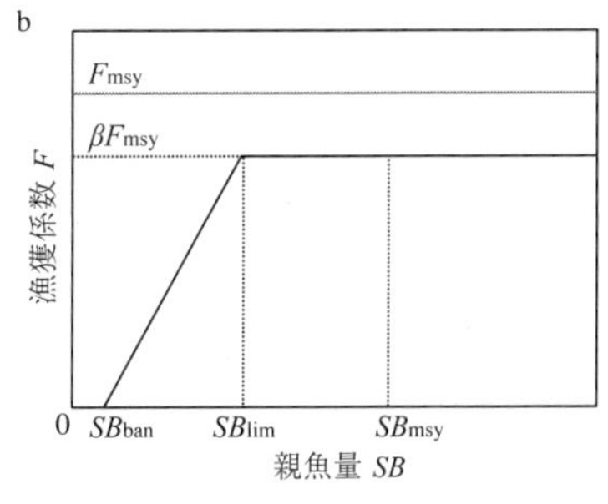

図6-5　漁獲管理規則の例（a：日本の従来型ABC算定規則，b：改正漁業法下での新ABC算定規則）

望ましい漁獲管理規則を検討することは，①事前に合意された管理目的をもっともうまく達成するために，②具体的な指標に基づく目的関数（効用関数）を設定し，③それを所与の制約条件下で最大化（最適化）するのにどのようなルールが適切であるか，という問題を考えることに帰着する．すなわち，制約条件付最適化問題を解くことに相当する．検討にあたっては，後述のオペレーティングモ

---

*12　図6-5bのケースでは，漁獲係数 F を F_{msy} から引き下げるパラメータ β が「安全率」に相当する．

デルが利用される.

漁獲管理規則は元来，生物学的な管理基準に基づいて構成されたものである．しかし最近では，漁業が経済活動であることを考慮し，単なるMSYの達成のみならず，漁獲量や漁獲金額の安定性確保の視点なども管理目的に加えて検討すべきであるという議論が展開されている．また，資源評価誤差などの不確実性の大きさによって望ましいルールは変化するため，この点も明示的に組み入れた検討が必要である.

(2) 不確実性への対応とフィードバック管理，順応的管理

コンピュータ関連技術の発達に伴って，海洋に関する様々なシミュレーションモデルが開発され，将来予測の試みがなされるようになった．海洋環境に対する各種生物の応答に関する研究の進展や，レジームシフト概念の導入等によって，海洋生態系の動態に対する理解も深まりつつある．しかし，どのように精緻なモデルが開発されても，それによって計算した将来予測値には誤差（不確実性）を伴うことが避けられない．安全な資源管理を実施するためには，このような将来予測に関する不確実性の存在をあらかじめ織り込んだ管理戦略を構築していく必要がある.

そのような管理方式のひとつに，フィードバック管理 feedback control がある．フィードバック管理は，対象とする系（資源，生態系など）の状態が，管理行動の投入によってどのように変化するか，逐次的にモニタリングしながら管理の内容や程度を適応的に調節していく方法である．われわれの将来予測が多かれ少なかれ外れることを前提に，系への入力に対する出力の変化（応答）をモニターし，その変化に事後的かつ迅速に対応する．これに対して，環

境要因との関係性などを考慮して系の将来の状態（動態）をあらかじめ予測し，それに沿って管理する方法を，フィードフォワード管理 feedforward control という．フィードフォワード管理は，将来予測が正確であればその効果が高いが，予測がはずれるとかえって逆効果になるおそれもある（Walters，1989）．

フィードバック管理の簡単な例として，現状の資源量が目標資源量よりも多ければ漁獲量を増やし，少なければ漁獲量を減らす，また，資源量が増加傾向にあれば漁獲量を増やし，減少傾向にあれば漁獲量を減らす，という Tanaka（1980）の方法がある．フィードバック管理を含む一般的な管理概念に順応的管理 adaptive management があり，近年では広く生態系の保全・管理のための標準的な考え方として定着しつつある．フィードバック管理は，レジームシフトをはじめとする資源の中長期的な変化への対応策としても注目される．

(3) オペレーティングモデル（OM）と管理戦略評価（MSE）

水産資源の管理に困難を伴う理由として，資源の状態や動態に関する知見が乏しいという不確実性の問題と，他の科学のように実験によってモデルや仮定の妥当性を検討できないという検証不能性の問題が挙げられる．

近年，コンピュータ上に，個別資源や生態系の動態を模した仮想現実モデル（オペレーティングモデル Operating Model：OM）を作成し，それを用いて資源評価や資源管理の「実験」を行い，適切な方策を探る試みが行われるようになってきた．コンピュータ上のシミュレーションでは，仮想した真の資源状態がわかっているため，資源評価や管理の失敗・成功を判断し，管理システム全体の性能を評価することができる．さらに，想定される様々な不確実性に対応する幅広い状況を仮想現実として与えることにより，不確実性に対して頑健な管理の方法を開発することができる．

このようなシミュレーションによって開発された一連の管理の方法は Management Procedure（MP）と呼ばれる．あらかじめ関係者間で合意して定めておいた管理目的の達成度を表すパフォーマンス指標に照らしながら，漁獲管理規則やフィードバック管理の方式を OM でシミュレーションし，より良いルールへと改良していく全体的枠組みを管理戦略評価 Management Strategy Evaluation（MSE）という（図6-6）．

以上のように資源管理方法を改善していく一連の流れは，一般社会における生産業務管理などの継続的改善手法として取り入れられている PDCA サイクル plan-do-check-act cycle を廻すことと基本的

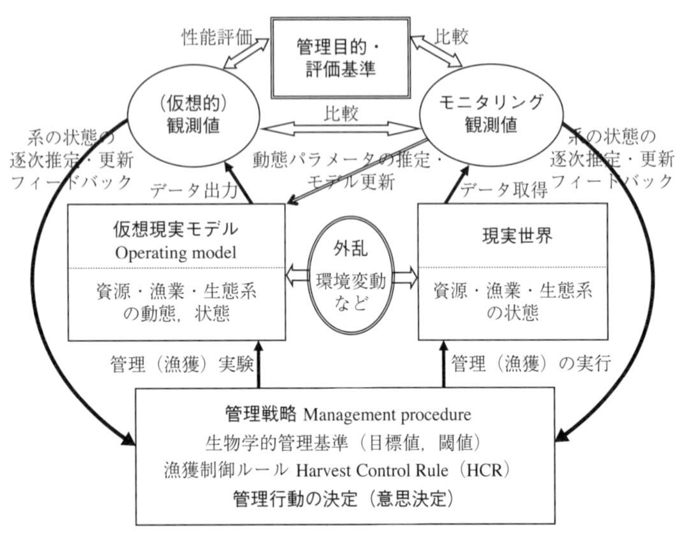

図6-6　MSE に基づく水産資源管理のフロー図

に同じである．Plan（管理計画（漁獲管理規則等）の策定）→ Do（管理の実行）→ Check（管理効果の評価）→ Act（管理手法の改善）の 4 段階のループを，コンピュータ上の仮想世界と現実世界の双方でくり返すことによって，より良い管理へと不断に改善していく手法である．

5．日本の水産資源管理への出口管理の導入

日本では 1996 年の国連海洋法条約の批准に伴って「海洋生物資源の保存及び管理に関する法律」（通称：資源管理法，TAC 法）が施行され，1997 年から TAC による管理がスタートした．これにより，入口管理 input control を主体としてきた日本の従来型資源管理に対して，政府が全体の漁獲量を直接コントロールして出口管理 output control する，トップダウン的な要素が新たに加わった．1997 年からはマイワシ，マアジ，サバ類（マサバ，ゴマサバ），サンマ，スケトウダラ，ズワイガニ，翌 1998 年からはスルメイカ，2018 年からはクロマグロについてそれぞれ TAC 管理が開始され，現在に至っている．

TAC 制度開始当初の生物学的許容漁獲量（ABC）算定規則（漁獲管理規則）では，MSY は「その資源にとっての現状の生物的，非生物的環境条件のもとで持続的に達成できる最大（高水準）の漁獲量」と定義され，また，「資源解析に当たっては，利用可能な情報に基づき国際的にも広く合意されているモデル等を適用するよう努める」と謳われていた．しかし，2004 年度以降の ABC 算定規則では，MSY を「適切と考えられる管理規則による資源管理を継続することで得られる漁獲量」と，制度開始当初よりも緩やかに定

義しなおして今日に至ってきた．

一方，2018年12月に制定・公布された改正漁業法では，農林水産大臣は，資源評価を踏まえて，資源管理の目標などの事項を含む資源管理基本方針を定めることとされた．そして，目標管理基準値として，「最大持続生産量を実現するために維持し，又は回復させるべき目標となる（資源水準の）値」を，限界管理基準値として，「その値を下回った場合には資源水準の値を目標管理基準値まで回復させるための計画を定めることとする（資源水準の）値」を，それぞれ定めることが規定された．最大持続生産量については，「現在及び合理的に予測される将来の自然的条件の下で持続的に採捕することが可能な水産資源の数量の最大値」と定義されており，レジームシフト等の「自然的条件」の変化に応じてその値が変化しうることも想定されている．

さらに，改正漁業法では，準備の整った特定の魚種，漁業種類，水域の区分（管理区分）において，漁獲可能量 Total Allowable Catch（TAC）を漁業者または船舶ごとに割り当てる漁獲割当 Individual Catch Quota（IQ）を導入していくことが定められた．

ABCの算定に用いられる生物学的管理基準（BRP）には，目標管理基準（BRP_{target}）と限界管理基準（BRP_{lim}）がある．BRP_{target}は「ここを目指して管理を行おう」という目標点としての基準であり，BRP_{lim}は「ここまでだったら獲っても大丈夫」「これよりは下回らないようにしよう」等の，閾値としての基準である．目標管理基準値は，管理目標が決まれば一意的に定めることができるが，限界管理基準値は，「不確実性をどこまで盛り込むか？」や「リスク許容度をどの程度にするか？」によって変化しうるので，一意的には決定できない．このため，人間側の「覚悟」に関する程度問題となり，関係者の価値選択に委ねられることになる．したがって，限界管理基準を有効に機能させるためには，設定する閾値の水準や決定方法に関して，関係者間で事前に合意しておくことが前提となる．

これまでは，「海洋生物資源の保存及び管理に関する基本計画」の「中期的管理方針」において，「資源を維持又は増大することを基本方向として管理を行う」等とされている魚種では，限界管理基準値の B_{lim} を資源量（親魚量）が上回っていれば，おおよそ50％の確率で「資源を維持」するABCも許容されてきたが，はたしてそれで良いのか？といった疑問も呈されてきた．従来のABC算定規則では，漁獲係数 F については限界管理基準値（F_{lim}）と目標管理基準値（F_{target}）が定められるのに対して，資源量 B（や親魚量 SB）については限界管理基準値（B_{lim}，B_{ban}）のみが定められ，目標管理基準値は定められてこなかった．それに対して今回の改正漁業法では，資源水準（親魚量）に関してもMSYを実現する資源水準の値を目標管理基準値として明示的に定め，それに向けて管理が実施されることとなった．

Ichinokawa et al.（2017）は，わが国周辺水域の水産資源のうちの37系群（全漁獲量の61％を占める）について，それぞれの資源状態と漁獲の強さをレビューした．それによると，2011-2013年において約半数の資源の水準が B_{msy} の半分以下の水準にあり，また，約半数の資源に対する漁獲圧（漁獲係数）が F_{msy} を上回っていた．全資源の平均値でみると，過去15年の間に緩やかな漁獲圧の低下傾向と資源水準の上昇傾向が認められ，全体として好ましい方向に資源管理が進展しつつあると考えられたが，非TAC対象種では

TAC対象種よりも漁獲圧が高く，資源水準も低い傾向にあることが同時に明らかとなった．さらに，漁獲圧の15年間の低下速度において，TAC対象種が非TAC対象種を上回っており，TAC管理の効果が現れているとした．改正漁業法の下でもこのようなモニタリングとレビューを継続することにより，新たな体制下での資源管理の効果を適切に評価していく必要がある．なお，今後は，それぞれの資源・系群の資源水準と漁獲圧の経年推移を一目でチェックできるように，いわゆる「神戸プロット」（図6-7）による情報提示

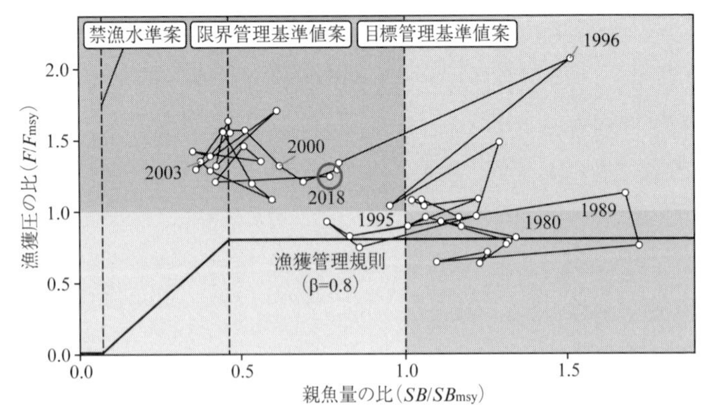

図6-7　資源水準および漁獲圧の経年推移を表す神戸プロット（マサバ対馬暖流系群での試算例）
資源水準（横軸）は，MSYを与える親魚量 SB_{msy} に対する各年の親魚量 SB の比で，漁獲圧（縦軸）は，MSYを与える漁獲係数 F_{msy} に対する各年の漁獲係数 F の比で，それぞれ表されている．また，ABC算定規則（漁獲管理規則）の案も併記されている（水産研究・教育機構の資料*13より引用）．

*13　国立研究開発法人水産研究・教育機構のホームページ「資源管理方針に関する検討会関連情報」(https://www.fra.affrc.go.jp/shigen_hyoka/SCmeeting/2019-1/) における「資源評価結果を受けて更新した研究機関会議資料」のうちの「マサバ対馬暖流系群の管理基準値等に関する研究機関会議報告書（ダイジェスト版一部改訂）」．

が予定されている．

6．今後の課題

改正漁業法下での資源管理の課題として，以下のものが挙げられよう．これらの課題は直ちに解決すべきものというよりは，将来のより良き資源管理に向けて長期的に改善していくべきものとして，筆者の私見をまじえながら列挙する．

(1) 複数の管理目的や異なる大きさの不確実性(資源評価誤差など)に対応した最適な漁獲管理規則の開発

管理目標や，資源評価誤差の大きさが異なれば，最適な漁獲管理規則も当然,異なるだろう．管理目標として,MSYの実現に加えて,漁獲量変動の抑制，最低資源量の確保，経済的視点の導入なども考えられるが，それらの間に生じうるトレードオフや，異なる大きさの資源評価誤差にも対応可能な最適な漁獲管理規則の開発が望まれる．なかでも，漁獲量変動の抑制については，漁業者だけでなく水産物の加工・流通・小売業者等にとっても，とりわけ重要な要素であると考えられる．

(2) レジームシフトなどの中長期的な環境変化に対応できる漁獲管理規則の開発

管理目標にMSYを採用すると，親世代と子世代の量的関係を表す再生産関係をどのようなモデルで評価するかが，管理パフォーマンスに直接，影響する．特に，再生産関係が経年的・長期的にシフトすることを許容するか否かは，レジームシフト等によって資源の生産力が変化する魚種の管理に大きな影響を与えうる重要な選択であり，また，資源水準・漁獲圧の大小の評価に関する漁業者の現場感覚とのズレの大きさにも影響しうる要因である．

(3) 異なる漁業種類，地域間での TAC・IQ 配分ルールや，合意形成手法の確立

漁業種類別の管理を基本とする入口管理とは異なり，出口管理は種・系群ごとの管理であるため，2018 年 1 月から開始されたクロマグロの TAC 管理の例に典型的にみられるように，関係する漁業種類や地域が多数にのぼる魚種の管理では，出口管理の実施にあたって複雑な調整対応を余儀なくされる．各地域，沿岸／沖合への魚群の来遊時期や量, 魚体サイズ（成長段階）の違いなどに伴って，各漁業種類・地域における資源の利用可能性・利用状況に差が生じるうえ, これらの状況は経年的にも変動して大きな不確実性を伴う．このような場合，異なる漁業種類や地域間でいかに TAC・IQ を配分するかや，漁期内での漁獲枠の融通に関する合意形成をいかに行うか，等の事項に関して関係者間で十分な協議を行い，賢明な手法を確立していく必要がある．

(4) 多魚種を対象とした漁業への対応，生態系管理の視点の導入

前述の通り，定置網や底曳き網などの，複数種を同時に漁獲対象とする漁業（多魚種漁業）の管理や，対象魚種数や漁業種類数の多い自然的・産業的条件下では，出口管理の実行は特に複雑になる．また，近年では世界的に，生態系管理の必要性が声高に唱えられるようになった．このようななか，従来型の単一種の管理から脱却して複数種や生態系の効果的な管理へと移行するためには，出口管理と入口管理の効果的な組み合わせを模索していく必要がある．

改正漁業法においても，資源管理の基本原則について，「資源管理は，漁獲可能量による管理を行うことを基本としつつ，稚魚の生

育その他の水産資源の再生産が阻害されることを防止するために必要な場合には，漁業時期又は漁具の制限その他の漁獲可能量による管理以外の手法による管理を合わせて行うものとする」として，入口管理との併用が定められているとともに，「水産資源の特性及びその採捕の実態を勘案して漁獲量の総量の管理を行うことが適当でないと認められるときは，当該管理に代えて，……水産資源を採捕するために漁ろうを行う者による漁獲努力量の総量の管理を行うものとする.」として，必要な場合には漁獲努力可能量による管理を実施することが謳われている.

(5) 資源評価に必要なデータの効率的収集方法の開発と同収集体制の確立

改正漁業法に基づく新たな資源管理システムにおいては，全漁獲量に占めるTAC対象魚種の割合を，現状の6割から早期に8割に引き上げることを目指す[*14]とされており，さらには，2023年までに資源評価対象種を現在の50種から200種程度に拡大することを政策目標にしている[*15]. その実現のためには, 資源評価に必要なデータの効率的収集方法の開発と同収集体制の確立が必須であるとともに，資源評価のさらなる精度向上に向けた研究の進展が望まれる.

7. 持続可能な開発を達成するために

地球上のあらゆる産業のうち，天然の野生生物を資源として利用する産業としては，漁業がおそらくもっとも規模の大きな産業であ

[*14] 平成30年度水産白書

[*15] 水産庁:資源管理目標を定めるための新たな資源評価手法の検討状況. 2019年3月. https://www.jfa.maff.go.jp/j/council/seisaku/kanri/attach/pdf/190307-6.pdf

ろう．そこでは，自然・生態系の再生産力をいかに利用しながらその恩恵を享受し続けることができるかという点がもっとも根本的で重要な課題であり，われわれ人類と自然・生態系とのつきあい方の是非が問われているともいえよう．有限な地球システムとヒトとのあるべき関係性に思いをめぐらせながら，持続可能な社会の構築に向けて具体的な方策を模索していく必要がある．

日本学術会議（2002）は「日本の計画 Japan Perspective」と題した提言[*16]において，以下のように論じた．「21世紀初頭の人類史的課題は，根本的には地球の物質的有限性と人間活動の拡大とによって生じた『行き詰まり問題』としてとらえることを提案する．人類社会が共有すべき目標として広く受け入れられつつある『持続可能な開発 Sustainable Development』という概念は，『行き詰まり問題』を解決する方法論なしには実現しがたい．」――まさに水産資源の管理においても，再生産力や環境収容力の有限性に起因する「行き詰まり問題」を解決する具体的な方法論の開発が急務である．（山川 卓）

文　献

Baranov FI.（1918）. To the question of the biological basis of fisheries. *Izvestiya Otdela Rybovodstva i Nauchno-Promyslovykh Issledovanii* 1（1）: 81-128.

Barber WE.（1988）. Maximum sustainable yield lives on. *North Am. J. Fish. Manage*. 8（2）: 153-157.

Beverton RJH, Holt SJ.（1957）. On the dynamics of exploited fish populations. *Fish. Invest. U.K.* Ser. II 19: 1-533.

Gompertz B.（1825）. On the nature of the function expressive of the law of human

---

*16　日本学術会議.（2002）. 日本の計画 Japan Perspective.
http://www.scj.go.jp/ja/info/kohyo/pdf/kohyo-18-t980-3.pdf

mortality, and on a new mode of determining the value of life contingencies. *Phil. Trans. Roy. Soc. London* 115: 513-585.

Gordon HS.（1953）. An economic approach to the optimum utilization of fisheries resources. *J. Fish. Res. Bd. Canada* 10: 442-457.

Hardin G.（1968）. The tragedy of the commons. *Science* 162: 1243-1248.

Ichinokawa M, Okamura H, Kurota H.（2017）. The status of Japanese fisheries relative to fisheries around the world. *ICES J. Mar. Sci.* 74（5）: 1277-1287.

Larkin PA.（1977）. An epitaph for the concept of maximum sustainable yield. *Trans. Am. Fish. Soc.* 106: 1-11.

牧野光琢, 坂本 亘.（2003）. 日本の水産資源管理理念の沿革と国際的特徴. 日本水産学会誌 69: 368-375.

Russell ES.（1931）. Some theoretical considerations on the "over-fishing" problem. *J. Cons. Explor. Mer.* 6（1）: 3-20.

Schaefer MB.（1954）. Some aspects of the dynamics of populations important to the management of the commercial marine fisheries. *Bull. Inter-Am. Trop. Tunna Comm.* 1（2）: 27-56.

Tanaka S.（1980）. A theoretical consideration on the management of a stock-fishery system by catch quota and on its dynamical properties. *Nippon Suisan Gakkaishi* 46: 1477-1482.

Walters CJ.（1989）. Value of short-term forecasts of recruitment variation for harvest management. *Can. J. Fish. Aquat. Sci.* 46: 1969-1976.

谷津明彦.（2001）. プロダクションモデル. 資源評価体制確立推進事業報告書－資源解析手法教科書－. 日本水産資源保護協会, 102-103.

7章
米国の沿岸漁業ではどうしているのか

1．本章の目的

米国では，「沿岸漁業」はどのように管理されているのだろうか．この問いに対して，それはもちろん出口管理を基本としており，総漁獲枠管理や個別漁獲割当管理が多くの漁業で導入されているのだろうと考えるのは誤りである．実際には，米国の「沿岸漁業」には出口管理を義務付ける法律は存在しない．そのため，多くの沿岸漁業では入口管理が行われており，総漁獲枠管理が主流であるとはいえない*1．個別漁獲割当管理が行われている事例もあるが，それらは極めて例外的である．

米国の「沿岸漁業」管理を理解するための鍵は，連邦管理漁業と州管理漁業の違いについて認識することである．連邦管理漁業とは主に沿岸3カイリ（約5.6 km）以遠の連邦海域で行われる漁業であり，これは日本の沖合漁業に対応するものである．キャッチシェア，地域漁業管理委員会，マグナソン・スティーブンス法（後述）など，米国漁業に関してよく耳にする単語は，基本的にこの連邦管理漁業にまつわるものだ．一方で，日本の沿岸漁業に対応する漁業は，連邦管理漁業ではなく州管理漁業なのである．ところが米国の州管理

*1　これは魚種･系群数の割合に関する記述である．米国州管理漁業の合計魚種別漁獲量･金額のデータは公開されていないため，漁獲量や金額の観点からの出口管理の割合は不明である．

漁業に関して述べた日本語の文献はほとんどないといってよい.

本章の目的は，米国における「沿岸漁業」管理の法的枠組みと実際の運用について整理し，日本の沿岸漁業管理の参考とすることである．そのために，まずは連邦と州を含む米国全体の漁業管理の法的枠組みを整理する．次に，オレゴン州，メーン州，ロードアイランド州をケーススタディとして取りあげて，具体的な管理実態について触れる．最後に，米国の沿岸漁業において出口管理が主流ではない理由について簡単に議論する.

2．米国における「沿岸漁業」

本章では，米国の州管理漁業のことを米国の「沿岸漁業」と呼ぶ．上述した通り，米国の漁業は連邦管理漁業と州管理漁業に大きく分けることができる．連邦管理漁業とは，連邦漁業許可 federal permit をもった漁船が従事する漁業である．これらの漁船は，州海域（沿岸 3 カイリ以内[*2]）と連邦海域（沿岸 3 カイリ以遠）の両方で操業することができる．一方で，州管理漁業とは，州海域でのみ操業する漁船が従事する漁業である．これらの漁船は連邦漁業許可をもっていないので，連邦海域では操業することができない．したがって，連邦管理漁業と州管理漁業は，漁船が連邦漁業許可をもっているかどうかによって定義され，さらに連邦漁業許可の有無はその漁船の操業可能海域を規定していることになる.

米国の州管理漁業と日本の沿岸漁業は，操業海域という観点で概ね対応しているといえる．日本の沿岸漁業は，2012 年以降は漁業

---

*2 フロリダ州の西海岸とテキサス州では州管理水域が沿岸 9 カイリまで延長されている.

種類によって定義されており，そこには漁業権漁業と知事許可漁業が含まれている[*3]. これらの漁業は操業海域で定義されているわけではないものの，漁業権漁業については主に沿岸 3 ～ 5 km 以内で操業している（内閣府，2014）. したがって，米国における州管理漁業と操業海域が重なっているといえる．一方で，知事許可漁業については沿岸 5 km 以内で行われるものと 5 km 以遠で行われるものが混在している . とはいえ，北海道のような一部の地域を除けば，概ね沿岸 5 km 以内で操業していると考えてよいだろう．以上を踏まえ，本章では米国の州管理漁業を「沿岸漁業」と見なして議論を進めることとする.

3．連邦管理漁業と州管理漁業の法的枠組み

米国の連邦管理漁業と州管理漁業では，その管理の法的枠組みがまったく異なっている．連邦管理漁業はマグナソン・スティーブンス法の下で厳密な総漁獲枠管理を定められているのに対し，州管理漁業にはそのようなルールを定めた法律がない．その結果として，連邦管理漁業の大半では出口管理が実施されているのに対して，州管理漁業の多くでは入口管理が行われている[*4]. また，連邦海域と州海域の両方にまたがって分布する魚種について

[*3] 2012 年以降，日本の沿岸漁業は以下の漁業と定義されている．船びき網，その他の刺網（遠洋に属する漁業を除く.），大型定置網，さけ定置網，小型定置網，その他の網漁業，その他のはえ縄（遠洋及び沖合に属する漁業を除く.），ひき縄釣，その他の釣，採貝・採藻，その他の漁業（遠洋及び沖合に属する漁業を除く.）https://www.maff.go.jp/j/tokei/kouhyou/kaimen_gyosei/gaiyou/index.html#11

[*4] 本章では出口管理と総漁獲枠管理を同義として用いる．また，多くの沿岸漁業では漁船別日別の漁獲量制限 possession limit が課されているが，これは入口管理と解釈する.

は，連邦政府が管理する部分のみに出口管理が厳格に行われるという形になっている．これは日本の総漁獲枠 Total Allowable Catch（TAC）管理において，大臣許可分が厳格に管理される一方で，知事許可分では厳格な数量管理が行われていないことと類似した構図である．

米国の連邦漁業管理を規定するもっとも重要な法律がマグナソン・スティーブンス法である*5．この法律は 1976 年に成立し，1996 年と 2006 年に大きく 2 回改正されている．1976 年時点で漁業管理に関する七大原則が提示されており，その後 1996 年の改正時に新たに 3 つの原則が追加された．これらを合わせて十大原則 Ten National Standards と呼ぶ（**表 7-1**）．十大原則の項目は①最適生産，②科学的情報，③管理単位，④配分，⑤効率性，⑥変動と不確実性，⑦費用と便益，⑧コミュニティー，⑨混獲，⑩海上での安全性，である．これらの原則の中で，原則 1 の条文では「shall」が用いられているのに対し，これと対立する可能性のある他の原則では「shall, to extent appropriate」等の表現が使われている．これは，過剰漁獲を防ぐことを何よりも優先するというマグナソン・スティーブンス法の精神を表している（Kelly, 2017）．

マグナソン・スティーブンス法では，連邦管理漁業のほぼすべてに年間漁獲可能量 Annual Catch Limit（ACL）を設定することが義務付けられている*6．同法では，連邦海域で大半が漁獲される魚種のうちで資源保護・管理が必要なものに関して，漁業管理計画 Fishery Management Plan（FMP）を作成しなければならないと規定している．このFMP には ACL を含めなくてはならず，また基

*5 詳しい説明は大橋（2007）を参照されたい．

*6 年間の漁獲可能量のことを，日本では TAC と呼び，米国では ACL と呼ぶ．

表 7-1　米国連邦漁業管理の十大原則（左：和訳，右：原文）

原則 1　最適生産
資源保護・管理措置は，過剰漁獲を防止しなくてはならない．また同時に，米国における各漁業の最適生産を継続的に達成しなければならない．

原則 2　科学的情報
資源保護・管理措置は，利用可能な最善の科学的情報に基づかなくてはならない．

原則 3　管理単位
可能な限り，個別の系群をその生息範囲にわたって管理単位としなくてはならない．また，交流のある系群どうしは一つの管理単位とするか，緊密な連携を取りながら管理しなくてはならない．

原則 4　配分
資源保護・管理措置は，異なる州の住民を差別するものであってはならない．もし漁業の特権*を異なる州の漁業者に配分する必要がある場合には，そのような配分措置は（a）それらの漁業者に公平かつ公正でなくてはならない，（b）資源保護を推進するように合理的に計算されなくてはならない，（c）どの個人，企業，団体も過剰な比率の特権を保持しないようにしなくてはならない．

原則 5　効率性
資源保護・管理措置は，可能な限り，漁業資源の利用に際して効率性を考慮しなければならない．ただし，経済的な配分を唯一の目的とすることは許されない．

原則 6　変動と不確実性
資源保護・管理措置は，漁業・漁業資源・漁獲量の変動と不確実性を考慮しなくてはならない．

原則 7　費用と便益
資源保護・管理措置は，可能な限り，費用を最小化し，不要な重複を避けなければならない．

原則 8　コミュニティー
資源保護・管理措置は，マグナソン・スティーブンス法の資源保護要請（過剰漁獲の防止と過剰漁獲状態の系群の回復）と整合性を保ちながら，漁業コミュニティーにとっての漁業資源の重要性を考慮しなくてはならない．その方法として，原則 2 の要請を満たす範囲で，経済社会データの活用をしなければならない．その目的は，（a）それらのコミュニティーの漁業への持続的な参加の担保と，（b）可能な限りそのようなコミュニティーへの経済的な悪影響を最小化する，ことである．

原則 9　混獲
資源保護・管理措置は，可能な限り，（a）混獲を最小化し，（b）不可避な混獲についてはそこから生じる死亡率を最小化しなくてはならない．

原則 10　海上での安全性
資源保護・管理措置は，可能な限り，海上における人命の安全性を確保しなくてはならない．

*　英語原文では「fishing privileges」と表記されているものを，ここでは「漁業の特権」と訳した．英語では権利「right」と特権「privilege」は若干ニュアンスが異なっており，前者は万人が有する権利であって剥奪できない性質のものを，後者は特定層が有する権利であって場合によっては没収もあり得る性質のものを，それぞれ指すことが多い．

National Standard 1 - Optimum Yield Conservation and management measures shall prevent overfishing while achieving, on a continuing basis, the optimum yield from each fishery for the United States fishing industry.
National Standard 2 - Scientific Information Conservation and management measures shall be based upon the best scientific information available.
National Standard 3 - Management Units To the extent practicable, an individual stock of fish shall be managed as a unit throughout its range, and interrelated stocks of fish shall be managed as a unit or in close coordination.
National Standard 4 - Allocations Conservation and management measures shall not discriminate between residents of different states. If it becomes necessary to allocate or assign fishing privileges among various United States fishermen, such allocation shall be (a) fair and equitable to all such fishermen; (b) reasonably calculated to promote conservation; and (c) carried out in such manner that no particular individual, corporation, or other entity acquires an excessive share of such privilege.
National Standard 5 - Efficiency Conservation and management measures shall, where practicable, consider efficiency in the utilization of fishery resources; except that no such measure shall have economic allocation as its sole purpose.
National Standard 6 - Variations and Contingencies Conservation and management measures shall take into account and allow for variations among, and contingencies in, fisheries, fishery resources, and catches.
National Standard 7 - Costs and Benefits Conservation and management measures shall, where practicable, minimize costs and avoid unnecessary duplication.
National Standard 8 - Communities Conservation and management measures shall, consistent with the conservation requirements of this Act (including the prevention of overfishing and rebuilding of overfished stocks), take into account the importance of fishery resources to fishing communities by utilizing economic and social data that meet the requirement of paragraph (2) [i.e., National Standard 2], in order to (a) provide for the sustained participation of such communities, and (b) to the extent practicable, minimize adverse economic impacts on such communities.
National Standard 9 - Bycatch Conservation and management measures shall, to the extent practicable, (a) minimize bycatch and (b) to the extent bycatch cannot be avoided, minimize the mortality of such bycatch.
National Standard 10 - Safety of Life at Sea Conservation and management measures shall, to the extent practicable, promote the safety of human life at sea.

出典 : https://www.fisheries.noaa.gov/national/laws-and-policies/national-standard-guidelines

本的に10年以内にその魚種の資源量をMSYレベルに回復させなくてはならない．このような厳しい要求の下で，現在連邦管理漁業の大半では総漁獲枠管理（個別漁獲割当管理を含む）が導入されているのである．

一方，マグナソン・スティーブンス法では，州海域と連邦海域にまたがって分布している魚種については，州が管理する部分に総漁獲枠管理を強要することはできないと明記している．同法を基に米国大気海洋局（NOAA）が作成したガイドラインに次のような条項がある．

§600. 310 (f)-(4)-(iii)　ACLs for State-Federal Fisheries.
州や準州の海域で漁獲される魚種や魚種群については，漁業管理計画および漁業管理計画修正条項において資源全体のACLを設定したうえで，それをさらに分割してもよい．例えば，全体のACLを連邦ACLと州ACLに分けることが可能である．ただし，米国漁業管理局は，連邦管理はこれらの漁業の中で連邦の権威が及ぶ部分にしか適用されないことを認識している．（筆者意訳）

これはつまり，州海域と連邦海域にまたがって分布している魚種については，連邦政府が州管理漁業のACLを設定することは可能だが，それを州に実行させる権威はないということを意味している．そのため，これらの魚種の管理に際しては，科学的な資源評価を基に全体のACLを算出したのち，州管理漁業の想定漁獲量を過去の実績などから推定し，これを割り引いて連邦管理漁業のACLとするというプロセスがとられている．

他方，州政府の側には総漁獲枠管理をしなければならないと規定した法律は存在しない．州漁業管理は，連邦漁業管理の十大原則を参考にしつつも，それに必ずしも従ってはいないのである．このため，州管理漁業においては，連邦側からACLを割り当てられてもそれを基に厳格な総漁獲枠管理を実施しているわけではない事例が多いようだ．そして，州管理漁業における漁獲量が連邦政府の想定する量よりも多かった際には，翌年の全体のACLおよび連邦管理漁業のACLが減らされるという形で調整が行われる．

総漁獲枠管理における米国の連邦管理漁業と州管理漁業の関係性は，日本の沖合漁業と沿岸漁業の関係性と類似している．日本では，TACが大臣管理分（沖合漁業）と知事管理分（沿岸漁業）に配分され，大臣管理分については厳しく数量管理が行われている．一方で，知事管理分についてはさらに都道府県に分割されるが，「一定以上の漁獲があるが資源に対する圧力が小さい」と認められる都道府県への割当は「若干量」となる*7．すなわち，漁獲可能量を数値で割り当てることをしていない．その結果，知事管理分（沿岸漁業）については厳格な数量管理をされていないといえる*8．これは，全体でのACLを連邦と州で分割し，連邦管理漁業のみで厳格に管理している米国の管理体制と極めて似た構図であるといえるだろう．

4．州管理漁業に対する規制

州管理漁業に対する規制は州ごとに大きく異なっている．オレゴ

---

*7 海洋生物資源の保存及び管理に関する基本計画（https://www.jfa.maff.go.jp/j/suisin/s_tac/attach/pdf/index-122.pdf）

*8 ただし，都道府県の漁獲量合計が知事管理分を超過することはまれである．

ン州，メーン州，ロードアイランド州の漁業規制を見ると，甲殻類，貝類，棘皮類では概ね入口管理が行われている．一方，魚類については総漁獲枠管理が導入されている割合が比較的高い．これは，移動性の高い魚類に関しては，複数の州政府や連邦政府が共同で管理する形になることが多いことに起因すると考えられる．実際，西海岸において州境をまたいで回遊する魚種はAtlantic States Marine Fisheries Commission（ASMFC）という州の連合組織によって管理されている[*9]．ASMFCが管理する25魚種のうちの12種で総漁獲枠管理が行われている．

(1) オレゴン州

オレゴン州では，ビンナガAlbacore，ウニSea urchin，ナマコSea cucumber，甘エビPink shrimp，貝類Intertidal clams，餌料用エビBait shrimp，沖合アメリカイチョウガニOcean Dungeness crab，沿岸アメリカイチョウガニCoastal Dungeness crabに対して，総漁獲枠が設定されていない（Oregon Department of Fish and Wildlife，2020）．このうち，ウニやナマコに対して総漁獲枠管理が行われていない理由は2つある．第1に，これらの漁業は小規模なので，総漁獲枠の推定にかかるコストの方がずっと大きくなってしまう．第2に，ウニに関しては再生産関係が不安定で，正確なTACの設定が困難である．そこで，総漁獲枠管理は行わずに，定期的な資源調査を行って現在の入口管理が有効であることをチェックしている．甘エビ漁業についても同様で，正確に資源量を推定することが困難なことに加えて，再生産量も環境要因に大きく影響さ

[*9] 同様の組織はメキシコ湾沿岸州Gulf States Marine Fisheries Commission（GSMFC）と太平洋沿岸州Pacific States Marine Fisheries Commission（PSMFC）にも存在する．

れるため，総漁獲量管理は行っていない．ただし，1 出漁当たりの漁獲量に応じて漁期の長さを調整するルールが設定されており，漁獲量自体は管理に活用している（Hannah et al., 2018）.

(2) メーン州

メーン州では，多くの魚種が入口管理である．これにはロブスター Lobster やオオノガイ Soft-shell clam などを含む大半の甲殻類・貝類と，オキスズキ Bluefish，ストライプドバス Striped bass，アメリカシャッド American shad，アロサ River herring などの魚類も含まれる．州管理漁業の具体的な管理方法をみると，例えばウニ漁業では操業日数制限が設けられている．漁師 1 人当たり 30 日の操業が認められており，あらかじめ指定された出漁可能日のリストから 30 日分を選択する仕組みになっている．この方法によって漁獲が一時期に集中することを防いでいる．また，出漁日の記録と漁獲量の管理を徹底するために，漁業者は所定の装置およびカードを使って販売を記録しなければならない．この装置に記録がつくたびに 1 回出漁したとみなされる．同時に，誰が獲ったウニがいつどのバイヤーに買われたかを記録することができる．一方，アメリカウナギ American eel は譲渡可能個別漁獲割当（ITQ）制度が導入されている唯一のメーン州管理漁業である．ITQ が導入された経緯は，2011 年の東日本大震災の際に価格が 1 パウンド当たり 200 ドルから 2000 ドルに跳ね上がり，密漁が横行したため，管理の強化が必要となったということである．2018 年のメーン州の漁獲金額を魚種別に見ると，入口管理であるロブスターが 9 割近くを占めることがわかる（図 7-1）．この漁獲金額は州管理と連邦管理の合計値だが，ロブスターは連邦政府ではなく州連合の ASMFC が管理を行っていることを踏まえると，メーン州管理漁業漁獲金額のうちの9割以上はロブスターからもたらされるということになる．このように重要な漁業が入口管理であることは興味深い．

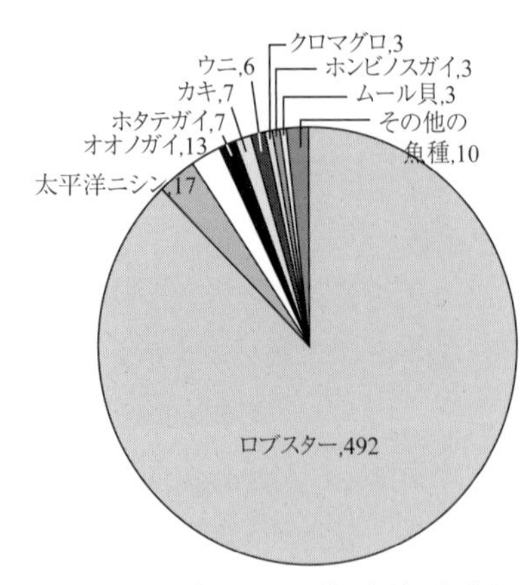

図7-1　2018年のメーン州の魚種別漁獲金額（単位：100万ドル）

(3) ロードアイランド州

ロードアイランド州では，ヒレのある魚 Finfish については総漁獲枠で管理されている一方で，貝類と甲殻類の多くは入口管理である．ロードアイランド州管理のナツヒラメ Summer flounder については，2009年に試験的に個別漁獲割当（IQ）制度が導入されたが，結局本格導入には至らなかったという経緯がある．すべてのアウトカムでプラスの評価が得られたものの（Scheld et al., 2012），以下の3つの理由から漁業者が反対し，導入が見送られたという．第1に，国民の共有財産である水産資源の私有化（個別漁獲割当）について，思想的な観点からの反対があった．これは，試験的IQ制度によって利益を得たはずの漁業者からの反対という意味で興味深いことである．第2に，「コントロールグループ」となった漁業者の間で不公平感が生まれ，反対の声が上がった．試験的IQの実施に当たってはすべての漁業者に「トリートメントグループ」に入る資格が与えられていたものの，書類作成を含む諸々の手続きを適正にできなかった漁業者はコントロールグループに組み入れられることとなった．これが不満を生む原因を作ったようだ．第 3 に，小規模漁業者は従来の管理の下でも十分に利益をあげられていたため，IQ 制度を導入する大きなインセンティブをもたなかった．従来の管理とは，総漁獲枠と日別漁獲量制限の組み合わせである．特に日別漁獲制限の下では，大規模漁業者が操業コストをカバーするだけの水揚げを得られないため，漁業に参入してこない．そのため，実質的に小規模漁業者を保護する体制となっているのだという．

(4) 州の連合組織による管理

大西洋沿岸では，州にまたがって分布する 25 魚種について ASMFC という州の連合組織によって管理されている．ASMFC は 1942 年に設立され，大西洋沿岸の 15 州で構成されている．その目的は，州が合同でプログラムを実施することを通して，資源の有効利用と保護，および無駄の削減を実現することである．ASMFC は Atlantic Coastal Fisheries Cooperative Management Act（ACFCMA）という法律の下にあるが，マグナソン・スティーブンス法とは異なり，ACFCMA では総漁獲枠管理の義務付けはされていない．ロブスターのように州海域と連邦海域にまたがって分布する魚種について，ASMFC は連邦政府によって補完的に行われることが望ましい管理を策定することができる．ただし，この連邦政府による管理は，やはり連邦漁業の十大原則に従っていなくてはならない．

5．州管理漁業で TAC や IQ 管理が主流でない理由

州管理漁業において出口管理が主流ではない主な理由は，①費用対効果が低い，② TAC の精度が低い，③資源の私有化に対する思想的な反対，という 3 つだという．第 1 に，州管理漁業の漁獲金

額は概して小さいので，コストをかけてTACやIQ制度を実施するメリットが小さい．特にIQ制では個別の漁船の漁獲量を監視する必要があるので，管理実施にかかる費用は小さくない．第2に，州には資源量推定を高い精度で行うキャパシティーがないので，正確なTACを設定することが困難である．だからといって，予防原則に基づいて低めのTACを設定することは漁業者になかなか受け入れられない．第3に，TACを設定すると先獲り競争が誘発されるので，TAC管理を導入するならIQ管理までやるべきである．ところが，国民共有の財産である水産資源を個人に割り当てるという考え方は，沿岸漁業者にはなかなか受け入れられない．これらの状況を反映して，現状でTACやIQが導入されているのは外部からの圧力が特に強い魚種に限定されている．

以上のような問題に加えて，NOAAの研究者であるChad K. Demarest博士から興味深い話をうかがった．それは，入口管理から出口管理に移行する際に生じるデータの「Quality problem」と呼ばれるものだ．漁業者にとって，入口管理の間は漁獲量をごまかすインセンティブが存在しないが，出口管理になった途端に漁獲量を過少申告するインセンティブが発生する．このインセンティブはTAC管理下でも生じるが，特にIQ管理下では極めて大きいものとなる．この漁獲量の過少申告を防げないと，それ以降の漁獲量統計の精度が下がり，それは資源量推定の精度の低下をもたらす．資源量推定の精度が下がると，漁業者は資源量推定を信頼しなくなり，密漁や洋上投棄といったルール違反が蔓延する．その結果，さらに資源量推定の精度が下がるという負のスパイラルに突入する．したがって，出口管理の導入に際しては，漁獲量の監視を正確に行うキャパシティーがあるのかどうかに十分配慮する必要があるのだ.

6. おわりに

本章では,米国の「沿岸漁業」管理の実態について述べた.多くの人がもつ米国漁業のイメージは,厳格な出口管理や積極的な個別漁獲割当管理の導入といったものではないだろうか.しかし,ひとたび米国の沿岸漁業(州管理漁業)に目を向けると,そこには出口管理を義務付ける法的枠組みはなく,実際には多くの漁業が入口管理である.2018年に改正されたわが国の漁業法では,沿岸漁業についても例外なく段階的に総漁獲枠管理や個別漁獲割当管理を導入するという方針のようだ.しかし,少なくとも米国の沿岸漁業では,現状はそのようになっていないことは認識しておきたい.これを踏まえたうえで,わが国では沿岸漁業にも徹底的に出口管理を導入するという先進的な取り組みを行うというのであれば,少なくともその意気込みは評価できる.しかし,日本語で書かれた政策資料や学術文献を読む限りでは,米国では厳密な出口管理が沿岸でも行われているという誤った認識が広まっているのではないかと一抹の不安を覚える.日本の沿岸漁業をよくしていくために,まずは事実をしっかり押さえるところから始めたい.(阪井裕太郎)

謝 辞

本章の内容は,全国漁業協同組合連合会のご協力の下で行った調査成果の一部である.調査においては,以下の方々に様々なご協力を頂いた.ここに記して感謝する.Joshua Stoll, Keith Evans(University of Maine), Chad K. Demarest, Min-Yang A. Lee, Eric Thunberg

(NOAA Northeast Fisheries Science Center), Jason McNamee, Scott D. Olszewski (Rhode Island Department of Environmental Management), Angela Sanfilippo, Al Cottone (Massachusetts Fishermen's Partnership), Carl J. Wilson, Kathleen Reardon (Maine Department of Marine Resources), Patrice F. McCarron (Maine Lobstermen's Association, Inc.), Jonathan Labaree, Lisa Kerr, 徳永佳奈恵 (Gulf of Maine Research Institute), 内田洋嗣 (University of Rhode Island), Nadine Hurtado (Oregon Department of Fish and Wildlife).

文　献

Hannah RW, Jones SA, Growth SD. (2018). *Fishery Management Plan for Oregon's Trawl Fishery for Ocean Shrimp (Pandalus jordani)*. Oregon Department of Fish and Wildlife, Marine Resources Program.

Kelly M. (2017). *Legal Framework for Federal Fisheries Management*. Marine Resource Education Program. Atlantic City, NJ.

内閣府国家戦略特区ワーキンググループ. (2014). 平成26年8月19日 農林水産省「漁業権の民間開放」配布資料　https://www.kantei.go.jp/jp/singi/tiiki/kokusentoc_wg/hearing_s/140819siryou02_2.pdf

大橋貴則. (2007). 米国の漁業管理政策について－マグナソン・スティーブンス漁業資源保存管理法改正からの示唆－. 水産振興 41(5): 1-69.

Oregon Department of Fish and Wildlife. (2020). *2020 Synopsis Commercial Regulations*. Oregon Department of Fish and Wildlife. Salem, OR.　https://www.dfw.state.or.us/fish/commercial/docs/2020_Commercial_Synopsis.pdf

Scheld A, Anderson C, Uchida H (2012): The economic effects of catch share management: The Rhode Island fluke sector pilot program. *Marine Resource Economics* 27(3): 203-228.

8章
ノルウェーにおける沿岸漁業管理

1．本章の目的

ノルウェーでは水産資源を国民の共有財産として位置づけており，沿岸部に位置する漁業集落では，地域産業を支える貴重な資源として利用されてきた（Hersoug, 2005）．ノルウェーの漁業は，1960年代に発生したニシン資源や1980年代のタラ資源の崩壊を契機に，産官学が一体となって，資源管理制度の構築と，個々の漁業経営体の収益性改善を推進してきた事例として注目されている．しかしながら，ノルウェーにおける漁業管理の実態に関しては，ノルウェー語の壁に阻まれて，全体像の把握には相応の労力を要する．日本で目にする資料の中には一部の大型船団の様相や操業の様子にのみ着目し，それをノルウェーにおける漁業の典型例であるように報じている報告もみられるが，これは全体像を反映した議論ではない．

本章は，わが国の沿岸漁船漁業と比較の対象として適切なノルウェーの沿岸漁業管理に着目し，資源管理と収益性の改善において重要な役割を果たした個別漁船漁獲割当 Individual Vessel Quota（IVQ）制度の運用実態と，その制度を補強する漁獲量データ管理の仕組みについて述べる．本章の執筆に際しては，ノルウェー語が判読できる外国人研究者の協力の下で既存文献の知見を収集したほか，筆者が2020年1月にノルウェーを訪問し，現地の通商産業水産省 Ministry of Trade, Industry and Fisheries，水産局 Directorate of Fisheries，海洋研究所 Institute of Marine Research，浮魚販売組合 Sildesalgslag，ノルウェー漁師協会 Norges Fiskarlag，トロムソ大学ノルウェー水産大学校 The Norwegian College of Fishery Science, The Arctic University of Tromso において実施した聞き取り調査で得られた情報を参照した．

2．ノルウェーにおける漁船漁業の概要

2017 年時点の統計によると，ノルウェーの漁業（沿岸と沖合，遠洋漁業を含む）に従事している者の数は 11219 名（うち 1705 名は雇われの船員）である*1．この他に，養殖業従事者 8548 名，水産加工業従事者 11600 名であり，漁船漁業と合わせると，延べ 30000 人程度がノルウェーの水産物生産に従事している．主な漁獲対象魚種は浮魚類（ニシン，サバ，シシャモ等）やタラ類であり，この他にも貝類，藻類，甲殻類，軟体動物といった幅広い水産物が漁獲されており，漁獲対象種の総数は約 70 種であるが，全漁獲量の約 90%を占めるのは，このうちの 10 種である（Hersoug, 2005；Gullestad et al., 2014）．また，ノルウェーにおける漁獲対象種の約 90%は回遊性の魚種であり，周辺国（EU，アイスランド，ロシア等）との魚種別漁獲枠配分に関する国際交渉に基づき，国の総漁獲可能枠 Total Allowable Catch（TAC）が決められている．こうして生産された水産物の約 95%が輸出に仕向けられており，国内への供給量はわずか 5%である．

---

*1　水産局が Nofima（https://nofima.no/en/）のデータを基に集計．

世界有数の水産物供給基地であるノルウェーにおいて，沿岸漁業と沖合漁業に関する定義に目を向けると，米国のような沿岸からの距離といった，明確なものが存在しないということがわかる．その中でも，本章では，いくつかの定義に関して紹介する．まず，国連食糧農業機関 Food and Agriculture Organization（FAO）の解説では，ノルウェーにおける沿岸漁業と沖合漁業の区別は，漁船の全長に依っている．このうち，漁船の全長が 28 m 未満の漁船が行う漁業を沿岸漁業として扱っているとされる（FAO，2013）．また，この解説では，商業トロール漁船やまき網，はえ縄漁船等を沖合漁業に分類していることから，一般的に，こうした漁法に該当しない漁業が，沿岸漁業に分類されるものと考えられる．そして，筆者が海洋研究所の研究者から聞き取った際には，定義が判然としていないことを前提としながらも，フィヨルド地形が形成する湾の内側や，海岸線に沿った比較的近海で行われる漁業を沿岸漁業とし，沖合漁業に関しては，外洋等で操業する漁業のことを指すと思われるという回答が得られた．これらを総合すると，ノルウェーの沿岸漁業には，① 28 m 未満の漁船で，②商業トロールやまき網などの漁法に分類されない，③フィヨルドの湾内もしくは比較的海岸線から近いエリアで操業するという特徴があり，これらが定義となりえる．特に，既存の文献においても，漁船の全長や漁法によって分類を行うというのが共通の見解と考えられる（Hersoug，2005；FAO，2013；猪又，2015）．

上記からもわかるように，ノルウェーにおいては，漁船の全長による分類を理解することが，漁業の特徴を理解するうえで重要になる．2018 年時点でのサイズ別漁船数を**表 8-1** に示す．北欧の漁船

表8-1　漁船サイズごとの隻数および生産金額に占めるシェア（2018年時点）

漁船サイズ	漁船数（隻）	漁船数に占める割合（%）	生産金額（千NOK）	生産金額に占める割合（%）
11 m 未満	4,902	82	2,494,191	12
11 m-14.9 m	655	11	1,771,193	9
15 m-20.9 m	116	2	650,686	3
21 m-27.9 m	103	2	1,255,435	6
28 m 以上	242	4	14,587,281	70
分類不明			57,129	0
合計	6,018	100	20,815,915	100

出典：水産局提供の資料を基に筆者作成

漁業に関しては，豪奢な設備を有する大型漁船がその典型例のように報道等で取りあげられることが多いが，ノルウェーで操業する全漁船の約8割を占めているのは，11 m 未満の小型漁船であり，先ほどの定義に当てはめると，沿岸漁業を営む漁船に該当する．ノルウェーの沿岸漁業は，沿岸社会の維持に貢献する重要な産業に位置づけられてきた経緯から，多くの水産施策が沿岸漁業に配慮した形で講じられてきた（Hersoug，2005）．さらに沿岸漁業は，冷凍魚を国際市場に輸出する大型沖合漁船とは異なり，国内市場への鮮魚の供給や，国際市場への干物や塩蔵魚の供給といった役割を果たしていることが知られている（Jentoft and Johnsen，2015）．

3．沿岸漁業における IVQ 制度の運用

1972年に制定された漁業参入規則 the Participation Act では，まず沖合漁業への自由な参入が制限され，続いて，沿岸漁業への参入にも規制がかかり始めた．同時に，当時の漁船漁業は，大型の沖合漁船であっても収益性が低く，その補填や漁船設備の維持を目的と

した，漁業補助金が交付されていた．しかし，主要な輸出相手国である EU との自由貿易協定において，漁業補助金の削減が求められた（Gullestad et al., 2014）．こうした諸状況の改善に大きく貢献した要因の一つとして，入口管理としての漁業許可の発行と，出口管理である IVQ 制度の運用が挙げられる（根本，2010a；b）．

ノルウェーにおける IVQ 制度は 1990 年代に，タラ資源の危機を契機に，一時的措置として導入されたことに端を発している[*2]．この制度下において，個々の漁船への漁獲枠の配分は，概ね以下の手順を踏む．まず，国際的な科学委員会の特定の魚種に関する助言を基に，関係国間の交渉が行われ，ノルウェーの TAC が決定される．次に，政府，漁業者団体，環境保護団体等の利害関係者参加型会議 Open meeting の合議の結果を踏まえて，**表 8-1** に示す 5 つのグループ[*3]のそれぞれに，漁獲枠が配分される．最後に，各グループ内で，漁船ごとの漁獲枠が決定される．IVQ は原則として譲渡が認められていないが，漁船と漁獲枠をセットで取引する場合においては，漁獲枠の譲渡（売買）が可能になる[*4]．IVQ 制度の導入後，漁業者による活発で自主的な IVQ 取引の実施と，同時に進められた減船事業の促進によって，ノルウェーの漁船数および漁業者数は，1970 年代頃と比較して現在では大きく減少し，資源への漁獲圧が軽減された（Hersoug, 2005；Gullestad et al., 2014）．

---

*2　1994 年頃にノルウェー漁師協会の支持を受けて今日に至るシステムとして定着した（Hersoug, 2005）．

*3　管理の対象となる魚種や漁法の違いによって分類基準となる漁船の全長は多少異なる．

*4　一般的な ITQ（譲渡可能個別漁獲枠）と異なり，漁獲枠のみでの取引は許可されていないという点に違いがある．

IVQ制度下での漁獲枠の移譲には，構造漁獲枠システムStructural Quota System（SQS）が適用される．SQSは，15 m以上21 m未満および21 m以上28 m未満の漁船グループにおいて，ある漁業者が2隻の漁獲枠を1隻に統合する場合，もう片方の漁船を廃船することで，新たに得た漁獲枠の80%分の所有権を20年間得られるという仕組みである．そして，残りの20%分の漁獲枠は，同じ漁船グループ内で配分される．今日では，SQSは沖合漁業にも制度として導入され（Hersoug，2005），一部の魚種や漁業では11 m以上15 m未満の漁船に対しても導入が始まっている（Moltke, 2014）．

近年，ノルウェーにおける経済的に重要な魚種のほとんどにIVQ制度等の資源管理制度が適用されているが（Gullestad et al., 2014），IVQ制度に関しては，これが導入されていない事例も存在する．その事例の一つは，11 m未満の小型沿岸漁船グループの一部で，Group 2と呼ばれている．ノルウェーの漁業管理において，漁船サイズ以外でも，過去3年間に当該魚種の漁獲実績が一定以上ある漁業者を，漁獲枠が設定されているグループに分類している（Group 1）．そして，それ以外のものに関しては，グループ全体としての総漁獲枠を与えて管理するが，個々の漁船の漁獲枠は設定しないGroup 2に分類する*5．この理由として，海洋研究所およびトロムソ大学での聞き取り調査の結果から，11 m未満の漁船グループには，漁獲枠を購入するだけの財力がない漁業者や，新規参入者が含まれており，こうした漁業者でも漁業を行えるようにするため

---

*5　方々への聞き取りでは，Group 1を「Closed group」，Group 2を「Open group」とも呼んでいた．

の配慮であることがわかった．もう一つの事例は，経済的重要性が低い魚種を対象とした漁業で，この場合は TAC の算出が行われておらず，IVQ が設定されない．これは，TAC の算出や制度の維持にかかる納税者などのコスト負担を勘案しての判断である．結果的に，11 m 未満の漁船にはマダラ，ハドック，セイスの IVQ は設定されていない．このように，すべての漁業種や魚種が厳格に管理されているわけではなく，例外を設けることで，沿岸漁業における柔軟な管理を実現している．

4．IVQ 制度運用のための漁獲データの管理体制

ノルウェーでは，IVQ 制度の導入と同時に，水揚げ量を正確に把握するための全船への電子ログブックの導入や，漁業者団体による電子オークションシステムの構築といった，漁獲データの管理体制の整備が進められた．特に，電子オークションシステムは，水産物取引のための媒体としてだけでなく，収集されたデータを行政や研究機関とも共有し，各漁船の漁獲量や IVQ の消化率の把握に用いられるなど，資源管理制度の運用に貢献している（猪又，2015）．

1952 年に鮮魚法 the Raw Fish Act が制定されて以来，すべての漁獲物は，原則として漁業者によって組織された販売組合が管理して販売することが義務付けられている（根本，2010a）．この販売組合は，魚種や地域に応じて 5 つのタイプが存在しており，筆者が訪問したベルゲンの浮魚販売組合はその一つである．漁業者は洋上から販売組合のオークションサイトに，魚種名や数量，漁獲海域等の情報を申告し，バイヤーはこのサイトを通じてセリに参加する．

こうした漁業者によって組織された販売組合を通じた取引の特徴の一つに，最低価格制度の存在が挙げられる．販売組合とバイヤーは，魚種やサイズごとの最低価格を決定する会議を毎年開催し，両者の合議を経て，最低価格を決定している（根本，2010b）．こうした最低価格制度の存在は，操業などにかかるコストを価格形成の段階で加味できるという面では，漁業者優位の価格設定となっており（猪又，2015），収益性向上に寄与したと考えられる．

現在，ノルウェーの漁業における漁獲物の約8割が5つのタイプ別販売組合を通じて販売されている．こうした漁獲物取引の仕組みにおいて，特定のバイヤーとの強いつながりがある外国船や，漁獲量が少ない等の理由で電子オークションに不向きな小規模漁業者に関しては，例外的に，バイヤーと直接取引を行うことが認められており，これが残りの約2割に相当する．しかし，こうした電子オークションを経ない水産物取引に関しても，漁業者の電子ログブックによる報告や，バイヤーから販売組合になされる取引報告を通じて，最終的には，販売組合の電子システムに記録される仕組みになっている．

5．わが国の漁業への示唆

本章は，ノルウェーの沿岸漁業におけるIVQ制度の運用実態と，その制度を支える販売組織の電子オークションシステムを通じた漁獲量データの管理について述べた．約8割が小型沿岸漁船で構成されるノルウェーの漁船漁業は，1960年代以降に発生した主要資源の崩壊を契機に，経済的に重要な魚種を中心にIVQ制度による管理を実施することで，資源状態の回復に努めた．しかし，Group 2

に分類される小型沿岸漁船の一部や，経済的重要性が低い魚種を対象とする漁業においては，例外的に漁船レベルでの漁獲枠管理制度を適用していないなど，柔軟な制度運用が図られている．また，漁業者によって組織・運用されている販売組合の電子オークションシステムや，行政への電子ログブック提出の義務化によって，漁獲量と漁獲枠に関する情報の厳密な管理体制が構築されている．

わが国においても，ノルウェー式の漁業管理制度の導入を求める声が聞かれる．本章で述べてきた事項に加えて，根本（2010a）や猪又（2015）といった既存文献が言及している事項を勘案すると，こうした制度をわが国に導入する際には，まず，漁獲物の組成や沿岸漁業の実態といったノルウェー漁業との状況の違いを加味した制度設計のステップが必要になる．特に，わが国とノルウェーでは漁獲対象となる魚種数や，サバなどの両国に共通して漁獲される魚種においても資源動態が異なっており（小川・平松，2015），管理の運用には，こうした違いを反映した施策の構築が不可欠である．さらに，わが国とノルウェーでは，水産物の流通構造が大きく異なっており，わが国のような多様な流通システムに適応した漁獲情報管理の体制を構築することが課題になるだろう．

ノルウェーにおける漁業の再興に，漁獲枠による資源管理体制の構築が寄与したことは疑いようがない．しかし，同国における漁業の再興の過程では，様々な政策の導入が進められ，その試行錯誤の結果が今日の漁業を形作っている．今後の研究では，こうした漁業におけるポリシー・ミックスの過程を紐解き，どういった施策が，どのような目標に貢献したのかを明らかにすることが大きな課題となるだろう．（鈴木崇史）

文　献

FAO.（2013）. *FAO Fisheries & Aquaculture —Fishery and Aquaculture Country Profiles— The Kingdom of Norway*. Food and Agriculture Organization, Fisheries and Aquaculture Department. http://www.fao.org/fishery/facp/NOR/en（February 29, 2020）.

Gullestad P, Aglen A, Bjordal Å, Blom G, Johansen S, Krog J, Misund OA, Røttingen I.（2014）. Changing attitudes 1970-2012: Evolution of the Norwegian management framework to prevent overfishing and to secure long-term sustainability. *ICES Journal of Marine Science* 71（2）: 173-182.

Hersoug B.（2005）. *Closing the Commons: Norwegian Fisheries from Open Access to Private Property*. Eburon Uitgeverij BV.

猪又秀夫.（2015）. ノルウェーの漁業と漁業管理：大型まき網漁船のサバ操業を題材として. 地域漁業研究 *Journal of regional fisheries* 56（1）: 57-85.

Jentoft S, Johnsen J.（2015）. The dynamics of small-scale fisheries in Norway: from adaptamentality to governability. In: *Interactive Governance for Small-Scale Fisheries*. 705-723.

Moltke A. von.（2014）. *Fisheries Subsidies, Sustainable Development and the WTO*. Routledge.

根本 孝.（2010a）. ノルウェーにおけるIQ制度の概要と霞ヶ浦北浦海区へのIQ制度導入の展望. 茨城県内水面水産試験場研究報告 43: 17-22.

根本 孝.（2010b）. ノルウェーにおける水産物の持続的生産と経営安定化を図るための行政施策. 茨城県内水面試験場.

小川太輝, 平松一彦.（2015）. マサバ太平洋系群と北東大西洋のタイセイヨウサバの資源評価・管理の比較. 日本水産学会誌 81（3）: 408-17.

9章
国際的な観点から見た漁業法改正の評価

本章では，まず水産資源・漁業の管理について，国際的な概況や動向を整理した後，そこでの日本の役割や，水産改革において重要な視点を述べる．また，議論の範囲を水産資源管理から海洋生態系保全に広げ，生物多様性条約のIPBES（生物多様性及び生態系サービスに関する政府間科学－政策プラットフォーム）の主なポイントを紹介した後，環境NGOや豪州における議論を紹介する．現在，全世界が一致団結して2030年までの達成を目指しているのが，持続可能な開発目標 Sustainable Development Goals（SDGs）である．本章では，日本の水産改革がこのSDGsの達成において果たすべき役割についても触れた後，まとめを行う．

1．水産資源・漁業管理

国連の食糧農業機関 Food and Agriculture Ortanization（FAO）が2年に一度発行している，『世界漁業・養殖業白書』*State of World Fisheries and Aquaculture*（SOFIA）の2018年版によると，世界の漁業・養殖業の生産量は4000万トン未満だった1960年からほぼ一貫して増加し続け，1980年代半ばには倍の約8000万トン，1990年代半ばには3倍の約1億2000万トン，そして2016年現在は4倍を超える約1億7100万トンに達している（FAO，2018，図9-1）．このような生産量増大の背景にあるのが，中国やインドネ

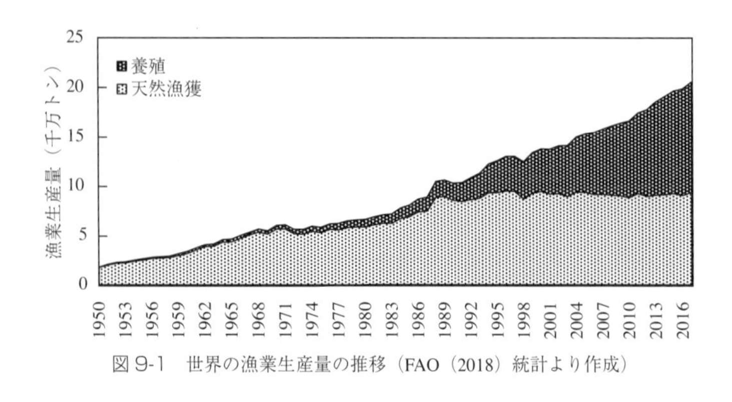

図 9-1　世界の漁業生産量の推移（FAO（2018）統計より作成）

シア，米国，EU 諸国などを中心とした水産物への需要の拡大である．同じく FAO SOFIA（2018）によると，過去半世紀で世界の水産物需要は約 5 倍に増大している．一方，FAO は世界各国で行われている水産資源水準の評価結果もまとめている．SOFIA（2018）に公表された最新の結果によると，評価結果が適正または低・未利用状態の資源（まだ生産量増大の余地がある資源）は，40 年前の約 39%から一貫して減り続け，2015 年現在では 11%となっている．一方で，過剰利用状態の資源（適正レベルよりも資源量が少ない資源）は，40 年前の 10%から 33%まで増大した．つまり，現在の資源評価対象となっている資源のうち 3 分の 1 が過剰利用ということである．

このような状態に対処するためには，水産資源の管理が不可欠である．水産資源は人間社会が設定した国境や排他的経済水域 Exclusive Economic Zone（EEZ）境界を越えて自由に移動するので，その持続的な利用を行うためには，国境を越えた漁業管理が不可欠である．よって，世界には様々な漁業管理の国際的枠組みが作られている．例えば，広域を高度に回遊するマグロやカツオなどを対象としたものとしては，中西部太平洋マグロ類委員会（WCPFC）や全米熱帯マグロ類委員会（IATTC），大西洋マグロ類保存国際委員会（ICCAT），インド洋マグロ類委員会（IOTC），ミナミマグロ保存委員会（CCSBT）がある．それ以外にも，海域ごとの国際管理の枠組みとして，北西大西洋漁業機関（NAFO）や北東大西洋漁業委員会（NEAFC），南東大西洋漁業機構（SEAFO），南インド洋漁業協定（SIOFA），南太平洋漁業管理機関（SPRFMO）などのほか，特に近年日本近海で注目されているのが，北太平洋漁業委員会（NPFC）である．

NPFCは，2015年に発効した北太平洋漁業資源保存条約に基づき設置された漁業管理機関で，サンマ，マサバ，クサカリツボダイ等の水産資源の保存と持続的利用を目的としたものである．これらの資源評価に関する科学的知見の提供や，2020年からの開始が予定されているサンマ漁獲上限の設定，マサバ漁業許可の制限など，様々な議論を日本がリードしている．また，こうしたルール作りにおいては，利害関係者の参画や，順応的な漁獲管理，入口規制・出口規制・技術的規制など多様な管理施策の組み合わせなど，きめ細やかで柔軟な管理を目指した議論が積み重ねられている（詳しくは，水産海洋研究 Vol. 84に掲載されている水産海洋地域研究集会報告「北西太平洋に迫り来る国際漁業資源管理の波－NPFC（北太平洋漁業委員会）対応の現状と課題」を参照されたい）．これらは，日本の漁業制度がこれまで長年にわたり培ってきた，資源利用者と政府の共同管理 co-management の取り組みの，実績と経験に基づく提案である．資源の共同管理とは，地域の資源利用者と政府が，資源管理の権限と責任を分担し，お互いに協力しながら資源管理を行っていく考え方である．欧米で伝統的に行われてきた，政府による上意下達的 top-down なアプローチに代わるものとして，特に零細漁業者が多く魚種・漁法も多様なアジア太平洋沿岸海域やアフリカ沿岸海域においてその有効性が期待されている（Makino and Matsuda，2005；牧野，2013）．新たな漁業法体系の下でも，こうした共同管理の長所については引き続き強化し，さらなる高度化を進めていくことを期待したい．

日本の漁業には，多様な資源を，国民の主たるタンパク源（食料）として有効利用すると同時に，多数の零細漁業者が操業し生計を立てるための沿岸漁業と，大規模で効率的な沖合漁業が併存しているという特徴がある．また，特に遠隔地，半島や島嶼地域などでは，地域の経済を支える基幹産業であり，そこでは食品加工・流通など関連産業も大きな雇用と経済波及効果を生み出している．このような生態的・社会的な特徴は，実はアジア太平洋諸国の漁業の特徴でもある（Makino and Matsuda, 2011）．現在アジア太平洋諸国は，世界の漁業者の 85％，漁業生産量（トン）の 71％，漁船数の 75％を有しており，いわば世界の漁業の中心といっても過言ではない．アジア太平洋が変われば，世界の水産が変わるのである．アジアの一国としての日本が，水産資源の持続的な利用の実現に向けて，この地域のリアリティーに根差した具体的な事例を提示し，また科学的にも説明していくことが，世界の水産業の改善に向けた国際的な責務である．その意味において，新漁業法で特に強化される出口管理は重要である．わが国でも 1997 年以降 TAC が導入され，着実に効果をあげてきた（Ichinokawa et al.，2017）．ただし，この出口管理はすべての魚種・漁業種に万遍なく適用できる万能薬ではないだろう．どのような魚種･漁業種に出口管理が適しているのか，データ制約下でどう効果的に執行していくのか，様々な漁具を組み合わせた操業や，多魚種一括漁業にはどう対応していくのか，などの課題について，特に沿岸漁業の現場実態に即した仕組みや技術を開発し，good practiceを作り上げて，アジア諸国に国際発信していくことが重要である．

２．海洋環境保全

水産資源は，生態系の構成要素である．水産資源の持続的な利用には，水産資源以外の生物や，非生物場，そしてそれらの相互作用を含めた，生態系全体の保全が前提条件である．生態系保全について，国際的な枠組みとしてもっとも大きなものの一つが，国連生物多様性条約UN Convention on Biological Diversityである．その施策の科学的基盤を提供する組織が，IPBES（Intergovernmental science-policy Platform on Biodiversity and Ecosystem Services）である．いわばIPBESは，気候変動枠組条約におけるIPCC（Intergovernmental Panel on Climate Change）の生物多様性条約版ともいえるであろう．わが国は，拠出金，人的支援，途上国でのキャパシティー・ビルディングなど，多方面の貢献を行っている．

このIPBESが2018年にまとめた，アジア太平洋地域における生物多様性と生態系サービスの評価結果によると，この地域の高い経済成長（1990-2010年の平均成長率7.6%）を支えている生物多様性は，異常気象，海面上昇，侵略的外来種，農業集約化，廃棄物や汚染の増加等によりかつてない脅威にさらされ，全体として劣化していることが指摘されている．特に海では，持続不可能な養殖や過剰漁獲等が，沿岸海洋生態系を脅かしており，こうした漁業方法が続けば，2048年までには利用できる漁業資源がなくなる可能性も指摘されている．また，経済開発や気候変動によりサンゴ礁は深刻な危機に瀕しており，2050年までにサンゴ礁の90%は深刻な劣化の可能性も指摘されている．こうした問題に対処するための政策オプションの方向性としては，特に地域コミュニティーの参画，民間セクターと政府・国際機関の連携などの施策の有効性が挙げられている．また水産資源については，権利に基づく沿岸漁業管理の重要性が指摘され，その成功例として日本の漁業権が紹介されている．さらに，欧米発のグローバル・スタンダードを地域の社会的生態的条件に合わせて修正し適用した成功例の一つとして，日本がアセアンとともに作成したSEAFDEC（東南アジア漁業開発センター）の生態系に基づく漁業管理 Ecosystem-based fisheries management が紹介された．

翌2019年には，アジア太平洋地域，アフリカ地域，アメリカ地域，欧州・中央アジア地域という4つの地域評価結果をまとめた，グローバル評価の政策決定者向け要約 Summary for Policy Makers（SPM）が発表された．そこでは，世界の生物圏はあらゆる空間スケールで比類のないほどに改変されていること，それに伴い，人類史上これまでにないスピードで生物多様性が減少していること，世界の800万の動植物種のうち100万種が絶滅の危機にあること，などが指摘された．また海については，サンゴ礁を形成するサンゴの約33%，海洋哺乳類の3分の1以上が絶滅の危機にあると指摘されている．そして，このままでは持続可能な利用等は達成されないが，社会・経済・政治・科学技術における根本的で横断的な社会変容 transformative change を行えば，将来の持続可能な利用等を実現しうる，としている．その具体的な方向性としては，国際協力と現場レベルの対策を連携させること，社会のすべての主体の参加と合意とそれに基づく国際目標の設定，科学に基づく施策の実施，インセンティブとキャパシティー・ビルディング，不確実性を組み込んだ意思決定などが示された．さらに，現地の人々やコミュニティーが環境や資源を共同管理している地域では，人間活動による悪影響が少ないか，あるいは回避されていると指摘している．わが国の地域漁業者による柔軟で総合的な資源管理や，地域集落による沿岸環境保全活動は，新たな漁業法でも特に重視されており，これからの自然環境保全全体に関する国際的な議論においても評価され，また重要度が高まるだろう．

3．持続可能な開発目標：SDGs

国連設立 70 周年の 2015 年，ニューヨークの国連本部で開催された総会において「我々の世界を変革する：持続可能な開発のための 2030 アジェンダ Transforming our world：the 2030 Agenda for Sustainable Development」が満場一致で採択された．このアジェンダ（行動計画）では，「誰一人取り残さない no one left behind」社会の実現を目指し，全世界がこれから力をあわせて，2030 年までに達成しようとする 17 の目標 goals と 169 のターゲット targets が宣言されている．これが，いわゆる持続可能な開発目標 Sustainable Development Goals，通称 SDGs である（https://www.un. org/sustainabledevelopment/，図 9-2）．そのうちのゴール 14 が

図 9-2　SDGs の 17 の目標（国際連合広報センターより許可を得て転載）

「海の豊かさを守ろう」である．

この目標の下には，漁業管理と環境保全の両方をカバーする具体的なターゲットとして，海洋汚染の防止，生態系の回復，海洋酸性化への対策，水産資源の回復・管理，海洋保護区の設置，違法・無報告・無規制 Illegal, Unreported and Unregulated（IUU）漁業につながる補助金の撤廃，島嶼国などの経済発展，科学技術の発展，零細沿岸漁業・伝統的漁業の保護，国連海洋法など国際法の実施，という 10 種類のターゲットが設定されている．

その達成状況の評価結果によると（Sachs，2019），日本は SDGs 全体の評価では世界 15 位と高位に位置づけられているものの，そのうちゴール 14 の海洋関係については，特に過剰漁獲問題を中心に「Significant Challenge Remains（大きな課題が残る）」という低い評価になっている．新たな漁業法による諸施策が，特に資源管理に対して優先的に取り組む方針を示していることは，SDGs の達成という意味でも有意義である．

またこの SDGs では，ネクサス・アプローチの重要性が指摘されている．ネクサスとは，ラテン語で「つなげる」，「連環」，「関連」を意味する言葉で，ネクサス・アプローチとは，SDGs の 17 のゴールに向けた取り組みをそれぞれ別々に，縦割り的に実施するのではなく，異なる分野や空間範囲に及ぶ対立や矛盾を回避し，相乗効果を促すことによって，まとめて複数あるいは全体の問題解決を目指すアプローチである（Hoff, 2011）．特にゴール 14 は，ゴール 2 の食料安全保障問題，ゴール 8 の経済成長，ゴール 11 の特に沿岸地域・漁業集落の維持・発展，ゴール 12 の責任ある消費や生産，そしてゴール 13 の気候変動について，深く関連している．これら関連する諸問題に包括的・総合的に取り組んでいくことが必要であり，また，効率的でもあるという認識が広がっている（ICS, 2017）．

筆者らは 2009 年，水産資源・漁業の管理の方向性について考察した政策提案レポートにおいて，①水産資源・環境保全と，②食料供給，③産業の発展，④地域社会の維持，そして⑤文化の振興という 5 つの目標を総合的に考慮した水産政策の方向性を提示した．そして，多様な水産政策オプションのそれぞれの特徴と限界を整理したうえで，それらを適切に組み合わせることにより，上記 5 つの目標の全体を改善していくアプローチの重要性を主張した（水産総合研究センター，2009）．これは，水産政策におけるネクサス・アプローチの一つの考え方ととらえることができる．実際，水産政策において，資源面のみならず，環境面や社会面，文化面をも含めた総合的なアプローチは世界の潮流となりつつあり，例えば豪州漁業法では2017年以降，その管理目的に先住民族の漁業やレクリエーション利用，社会的影響なども含まれるようになった．Environmental Defense Fundなどの環境NGOがまとめた，採捕漁業への投資に関する指針においても，法や規則の順守，環境影響，監視，トレーサビリティー，透明性，人権などに加えて，幅広い利害関係者の関与や，地域のコミュニティーや文化への影響などへの配慮の重要性も指摘されている（EDF et al., 2018）.

4．まとめ－今後のわが国の水産業が果たすべき国際的役割

新たな漁業法の執行により，グローバル・スタンダードや国際的論点についての説明責任を適切に果たしつつ，魚食国としての日本・アジアの理論を科学的根拠に基づいて主張していくことが大切である．日本には，アジアと欧米をつなぐ役割を期待されている．

また，SDGsの議論でも明らかなように，国際的には，水産政策は海洋政策の一部という位置づけもある．様々な海洋関連政策分野や組織を見渡したうえで，水産政策が食料生産以外に何をどこまで担うことが，日本社会全体の持続可能な発展という意味でもっとも望ましいのか，という議論も必要になるだろう．

特に気候変動への適応や，人口減少・高齢化が進む中での地方創生（含文化的多様性）は，これからの日本全体の課題といえよう．新漁業法の下でこれらの課題に対処していくためには，食料供給という水産業の本来的役割に加えて，沿岸漁業振興における地域政策・環境保全政策としての諸側面と，沖合漁業振興における資源管理政策・経済産業政策としての諸側面の間で，総合的なバランスをとっ

ていくことこそが，新漁業法の評価につながるのではないだろうか．（牧野光琢）

文　献

Environmental Defense Fund, Rare/Meloy Fund and Encourage Capital.（2018）. Principles for investment in sustainable wild-caught fisheries. available at: fisheriesprinciples.org.

Hoff H.（2011）. Understanding the Nexus. background paper for the Bonn2011 conference: *The Water, Energy and Food Security Nexus*. Stockholm Environment Institute, Stockholm.

Ichinokawa M, Okamura H, Kuroda H.（2017）. The status of Japanese fisheries relative to fisheries around the world. *ICES Journal of Marine Science* 74: 1277-1287.

International Council for Science.（2017）. *A Guide to SDG Interactions: From Science to Implementation*.

牧野光琢．(2013)．「日本漁業の制度分析―漁業管理と生態系保全」．恒星社厚生閣．

Makino M, Matsuda H.（2005）. Co-Management in Japanese coastal fishery: it's institutional features and transaction cost. *Marine Policy* 29: 441-450.

Makino M, Matsuda H.（2011）. Ecosystem-based management in the Asia-Pacific region. In: Ommar RE, Perry RI, Cochrane K, Cury P.（eds.）. *World Fisheries: A Social-Ecological Analysis*. Wiley-Blackwells, 322-333.

Sachs J, Schmidt-Traub G, Kroll C, Lafortune G, Fuller G.（2019）. *Sustainable Development Report 2019*. Bertelsmann Stiftung and Sustainable Development Solutions Network（SDSN）, New York.

水産総合研究センター．(2009)．「我が国における総合的な水産資源・漁業の管理のあり方（最終報告）」．

水産庁．(2018)．「平成 30 年度水産白書」．

United Nations Food and Agriculture Organization.（2018）. *The State of Forld Fisheries and Aquaculture*. Rome.

10章
水産政策の改革で日本の魚食文化はどう変わるのか

1．はじめに

2018年12月に公布された漁業法の改正は，水産分野で戦後最大と称される規制改革であり，わが国の魚食にも小さくない影響を与えると予想される．ここで魚食とは，魚介類を食べる消費行動であり，ミクロの視点で見れば個人的な食選好に過ぎない．しかし，魚介類消費の多寡は，長期的または大局的に見れば，国民の栄養バランス，国家の食料自給率，地域の食文化といった個人の選好で片付けられない国民的関心事に波及的な影響を及ぼす．魚食への影響に目を向けることで，漁業法改正は漁業関係者だけの問題ではなく，国民全体の問題へと発展するのである．

中でも，魚介類の食文化（以下，魚食文化）への影響が重要な論点となりうる．わが国の魚食文化は，魚介類を購入する消費者本人に文化的価値を提供する以外に，池上（2001）が芸術文化財の外部性と呼んだ効果を有するからである．すなわち，各地域に根差した魚食文化が，その地域社会のプレスティッジを高め，その地域に関心のある人々を引き寄せてビジネスを活性化させるという効果である．この効果が存在するとき，市場を介した資源配分は，本来の価値に見合った形でなされない．魚食が地域住民にとって私的な消費行動であっても，そこで継承されている魚食文化は文化の外側で暮らす人々に外部的な便益をもたらしているため，市場に任せた資源配分が過少になるのである．これは市場を補完するための政策が有効なケースであり，その基礎情報を提供するために学術研究が求められるケースといえる．

しかし，漁業法改正がわが国の魚食文化に与える影響を分析し，予測することは簡単ではない．今回の改正はまずもってフードサプライチェーンの川上に位置する漁業や養殖業の生産現場に変化をもたらすものであり，その変化が川中や川下を経由して消費行動に作用することで初めて魚食文化への影響が顕在化する．よって，魚食文化への間接的な影響を検討するためには，まず生産現場で起こる一次的な変化の把握が先決である．ところが，生産現場の変化は，改正漁業法の条文だけでなくその条文をどのように解釈し運用するのかといった当事者の判断等にも依存しており予見しづらい要素を多く含んでいる．そのため，施行後に一定の年月を経るまでは一次的変化の把握さえ容易ではなく，間接的な魚食文化への影響となると一層困難とならざるを得ないのである．

このように漁業法改正がもたらす影響の将来予測は容易ではないが，漁業法改正がその目的を達成するという仮定のもとで魚食文化の未来を展望することは現時点においても可能である．今回の漁業法改正は，その改正に先行して2018年6月に政府の農林水産業・地域の活力創造本部で決定された水産政策の改革（以下，水産改革）の実現を念頭においている．漁業法改正が水産改革の中で描かれた青写真をどれだけ忠実に再現できるかの予測には多くの不確実性が伴うが，それが実現したときに日本の魚食文化が受ける影響を検討することは可能である．

水産改革は，水産資源の効率的利用や水産業の成長産業化等を目指す一連の施策である．その中核的関心事が経済の諸問題であることから，その策定の過程で魚食文化への影響という側面が十分に議論されてきたとはいえない．

そこで本章では，水産改革で目指すとされている事項の中で特に魚食文化に関係すると考えられる「水産資源の適切な管理」と「水産業の成長産業化」の 2 つに着目し，それらが魚食文化に与える影響を分析する*1．

2．「水産資源の適切な管理」と魚食文化

水産改革では，「水産資源の適切な管理」に向けて，資源の評価・管理方法を「国際的にみて遜色のない科学的・効果的な評価方法及び管理方法とする」（農林水産業・地域の活力創造本部，2018）としている．以下では，見直された評価方法と管理方法の内容を検討し，それらが魚食文化へ与える影響を考察する．

(1) 評価方法

水産改革では，評価方法の見直しについていくつか要点が示されているが，そのうち魚食文化になんらかの影響を及ぼすと思われるものとしては，資源評価対象魚種について原則として有用資源全体をカバーすることを目指すこと，資源管理目標の設定方式を国際的なスタンダードである最大持続生産量（MSY）の概念をベースとした方式にすること，が挙げられる（農林水産業・地域の活力創造本部，2018）．

---

*1　水産政策の改革では，「水産資源の適切な管理」と「水産業の成長産業化」の両立の他に「漁業者の所得向上」と「年齢のバランスのとれた漁業就業構造」の確立を目指すとされている（農林水産業・地域の活力創造本部，2018）．

MSYは，イギリス発のMSC認証をはじめ国際的な水産物エコラベル制度において標準的な資源管理目標とされているため，国際的なスタンダードに基づくMSY概念の導入とその対象魚種の拡大は国内漁業における国際認証取得件数の増加につながる可能性がある．欧米の市場では，近年，世界水産物持続可能性イニシアティブ（GSSI）から国際標準を満たすと認められた認証制度で認証済みであること等を水産物の調達基準にする企業も増えつつある．そのため，国際認証取得の増加は欧米への輸出障壁の1つをクリアすることにつながる*[2]．

水産物の輸出量の増加が生じれば，日本の魚食文化の世界に向けた発信にも貢献する可能性がある．例えば，日本は世界におけるブリ生産の多くを占め近年その輸出も盛んに行われているが，富山県の郷土料理であるブリ大根や西日本で正月に食べられてきた年取り魚としてのブリ料理等も食文化として同時に発信され輸出先で好意的に受け入れられるのであれば，現地の味を確かめてみたいという観光需要の喚起につながる可能性がある．これは，芸術文化財の外部性に他ならない．無論，同じことがブリ以外の魚種，他の郷土料理についてもいえる．わが国の魚食文化の地域性を考慮すれば，首都圏と一部の大都市に集中しがちな海外からの観光需要を地方に分

---

*[2] 輸出障壁には，関税，衛生基準なども存在するため，これが直ちに輸出量の増加にはつながらない可能性もある．なお，国際認証取得を通じて輸出拡大を図る場合，輸送に伴う環境負荷も大きくなるため，真の意味で環境配慮的であるのかについての議論が必要である．例えば，酒井ら（2007）では，豪州と日本の間のマグロ1トンの輸送（国内輸送は含まない）で生じるCO_2排出量は，海上輸送で409 kg，航空輸送で7688 kgと推定されており，これらは国内で需給が完結している場合には生じない環境負荷である．漁獲段階における水産資源への配慮だけでなく，輸送段階での環境配慮を含めたライフサイクル全体での環境評価（LCA）を反映したエコラベル制度の確立が求められる．

散するという意義も期待できる．2013年12月のユネスコ無形文化遺産への和食の登録を機に，和食に対する世界の関心が高まっており，魚介類は和食に使われる食材のなかでも重要な食材である（コラム：163ページ）．水産物輸出の促進が魚食文化の普及を伴うことは十分考えられ，そうなるための努力もまた望まれる．

ただし，MSY方式で評価・管理する魚種の拡大は，日本の漁業への負担が大きいという側面もある．少ない漁獲魚種に対して大規模漁業を展開するノルウェーやアイスランドのような北欧漁業大国に比べて，日本の漁業では漁獲対象魚種が多く（石原，2017），有用資源全体を資源評価対象魚種でカバーするとなるとデータ収集や資源評価のために多くの時間や労力，費用が必要になる．また，定置網漁業のような多魚種漁獲漁法では単一魚種ごとに数量管理するMSY方式の負担が大きく，地先の海で獲れた魚介類を地元に供給する役割も担ってきた定置網漁業が衰退した場合，魚食文化の地域性の減退を招く可能性もある．MSYが評価基準に用いられる背景として，国連海洋法条約で沿岸国が資源をMSY水準に維持・管理するよう求められていることが挙げられるが，その国連海洋法条約自体が多くの欠陥を含んでいることも指摘されている（八木，2011）．

(2) 管理方法

次に，新たな管理方法の中で魚食文化への影響が考えられるものとしては，漁業許可の対象漁業についてTAC対象魚種に個別割当（IQ）を導入することが挙げられる（農林水産業・地域の活力創造本部，2018）．

個別漁業者（または漁船）ごとに漁獲枠を割り当てるIQ方式では，

全体の漁獲枠しか決められておらず個別漁業者間で早獲り競争が生じやすいTAC方式のみのケースとは異なり，漁獲枠をめぐり競い合う必要がない．そのため，漁業者が漁を行う時期を選びやすくなる．全国各地の固有の魚食文化の中で水産物が素材として取り上げられるのは旬の時期であることが多いため（川越，2019），IQ方式の導入によって旬の時期の漁獲量が増えれば，魚食文化にポジティブな効果がもたらされる．実際には，天然の魚介類は旬の時期を迎える頃に価格が上昇する一方で，大量に獲れる旬は値崩れも起こしやすく，IQ方式の導入が旬の時期の漁を増やすかどうかについて一概にはいえない．さらなる研究が求められる．

3．「水産業の成長産業化」と魚食文化

水産改革では，「水産業の成長産業化」に関して，「遠洋・沖合漁業については，漁船の大型化等による生産性の向上を阻害せず，国際競争力の強化に繋がる漁業許可制度とする」（農林水産業・地域の活力創造本部，2018）こと，「養殖・沿岸漁業については，我が国水域を有効かつ効率的に活用できる仕組みとする」（農林水産業・地域の活力創造本部，2018）ことを改革の方向性に位置づけている．以下では，沖合漁業と養殖・沿岸漁業に分けて，水産改革が魚食文化へ与える影響を考察する（遠洋漁業は，日本のEEZ外の資源に依存し，国際的な資源管理の影響を受け分析が複雑となるため，以下では，海面生産量の9割以上を占める沖合・沿岸漁業，養殖業に焦点を当てた）．

(1) 沖合漁業

沖合漁業の成長産業化に向けた改革の中で魚食文化に影響を及

ぼすと思われるものには，漁船の大型化を阻害する規制を撤廃していくこと，生産性が著しく低い漁業者に対して改善勧告・許可の取消しを行うこと，がある（農林水産業・地域の活力創造本部，2018）．

これらの施策の狙いが，生産性の低い漁業の退出と高い漁業の参入を促すことで，日本漁業全体の生産性を向上させることにあるのは明らかである．そこで，簡単な国際経済学の分析枠組みを用いてそうした生産性向上が日本の魚食文化に与える影響を分析してみる．**図 10-1** は，国内需要が国内生産と輸入で賄われている日本の水産物市場を描いた図である[*3]．縦軸を価格，横軸を数量として，水産改革以前の供給曲線を S，需要曲線を D，世界価格を P_w で表している[*4]．このとき，国内均衡は点 b でその価格は P であるが，消費者はより安い世界価格 P_w で水産物を手に入れられるため，国内価格も国際価格に釣り合う P_w まで低下せざるを得ない．その結果，国内生産は線分 P_wd，輸入は線分 df で表される数量で実現し，消費者余剰は図形 aP_wf，生産者余剰は図形 P_wid の面積の大きさと

---

*3　日本の食用魚介類の重量ベース自給率は，2017年で56%（確定値），2018年で59%（概算値）であるため（農林水産省大臣官房政策課，2019），現在の日本の水産業は輸入産業といえる．日本の水産業はかつて輸出産業であったが，1977年以降の200カイリ規制の広がりによる遠洋漁業の衰退と1985年のプラザ合意以降の円高による水産物輸入量の増大を2大要因として輸入産業化した（林，2002）．

*4　漁業者と消費者の間の直接的な取引の市場を想定することは現実的ではないため，ここでの供給曲線は漁業者以外も含む水産業全体の供給量と価格の関係を表す概念とし，対象となる財も特定の魚種ではなく水産物全体を表す概念とする．また，輸入水産物への関税は日本では一般に低いため考慮せず，水産物の国際市場における日本の輸出入の影響力は大きくないと仮定（小国の仮定）して日本が水平の世界価格に直面しているとする．山下（2012）は，こうした分析枠組みが多くの仮定を置いた抽象化であるにも関わらず，水産経済の現状をある程度説明しうることを別の例を用いて示した．

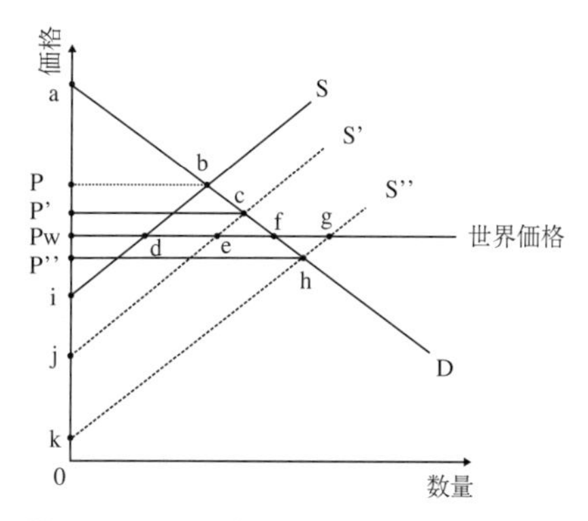

図 10-1　日本の水産物市場における生産性の向上と国際競争力の変化

なる．

生産性の向上は同じ生産量であっても費用が低下することを意味し，供給曲線Sを下へシフトさせる．今，この改革により供給曲線がSからS'へシフトしたとしよう（図 10-1）．このとき国内均衡は点cでその価格はP'であるが，世界価格P_wはそれよりも低いため，P_wが市場価格となる．そのときの国内生産は線分P_weへと改革前よりも増加，輸入は線分efへと減少し，国内生産で賄われる国内需要が増加する[*5]．また，消費者余剰は図形aP_wfで改革前と変わらないが，生産者余剰は図形P_wjeと増加が見込まれる．

次に本改革がより大きな生産性向上をもたらし供給曲線がSからS"へシフトしたとしよう（図 10-1）．このとき国内均衡は点hでその価格はP"であるが，世界価格P_wはそれよりも高く，生産者

*5　改革で漁獲規制の強化が生じれば，短期的には生産量は低下するが，中長期的には資源が増加して，生産量の増加が可能であると想定．

はより高い世界価格 P_w で水産物を売ることができるため，国内価格も世界価格と同じ P_w まで上昇する．このとき，国内生産は線分 P_wf，輸入はなくなって輸出が線分 fg となり，国内需要がすべて国内生産で賄われるうえに，国内生産された水産物の一部は海外へ輸出される．なお，消費者余剰は図形 aP_wf で変わらない一方，生産者余剰については図形 P_wkg へと変化し大幅な増加が見込まれる．

以上からわかるように，沖合漁業に関する成長産業化に向けた改革では，消費者余剰は変化しない．そのため，日本国内の魚食文化は基本的に影響を受けない．ただし，魚食文化以外の観点からは，消費される水産物が輸入から国産へと代替されるため，安全・安心や自給率の向上といったポジティブな効果が見込まれる．また，現時点で輸入産業である日本の水産業が輸出産業になるまで国際競争力が向上し，輸出増加とともに日本の魚食文化の海外発信力が増すのであれば，前述の芸術文化財の外部性がもたらす恩恵をより多く享受できる可能性がある．

(2) 養殖・沿岸漁業

養殖・沿岸漁業の成長産業化に向けた改革の中で魚食文化に影響を及ぼしうるものには，養殖業の規模拡大やその新規参入の円滑化に向けて漁業権制度の権利付与のプロセスの透明化と権利内容の明確化等を図ること，が挙げられる*6．

わが国の沿岸漁業では小規模漁業者が多く，漁業者 1 人当たりの

---

*6　なお，漁業権の内容の明確化には，都道府県が漁業権を付与する際の優先順位の法定制を廃止し，既存の漁業権者が水域を適切かつ有効に活用している場合はその継続利用を優先するが，それ以外の場合は地域の水産業の発展に資するかどうかを総合的に判断することが含まれている（農林水産業・地域の活力創造本部，2018）．

漁獲量が少なくなりがちであるため，労働生産性の低い操業も多い．このような沿岸漁業からは，高付加価値魚を選択的に生産できる養殖業へと，沿岸の海面利用の変化が進むと予想される*7.

沿岸漁業から養殖業への生産代替は，市場に供給される魚種を偏らせることを通じて，日本の魚食文化に負の影響を及ぼす可能性がある．これまで小規模沿岸漁業で漁獲された少量多魚種の水産物は，産地市場で集荷され魚種ごとに相応の出荷単位となってわれわれの食卓に豊かな魚食文化の基礎となる多様な水産食材を供給してくれていた．ところが，そうした少量多魚種の漁業は，生産性の観点から見た場合には非効率であるため，今回の改革ではより効率性の高い養殖業へと生産代替が進むと予想される．代わりに普及する養殖業では，市場価値の高い特定の人気魚種を対象に行われる傾向があるため，水揚げの減少した少量多魚種の生産はあまりなされず，市場に流通する魚種に偏向をもたらすことが予想される．さらに，先述の沖合漁業の大規模化もこの傾向に拍車をかける．沖合漁業の大規模化と効率化は，水産物を安く供給することを可能にするため日本の水産物の市場価格は低下すると考えられるが，その低い市場価格では小規模沿岸漁業の採算性が悪化し，市場からの退出を余儀なくされる可能性もある．これは，養殖に向かない魚種や大規模漁業で漁獲されない魚種を用いる魚食文化が廃れていく可能性を示唆している．

もっとも，こうした魚種の偏りは，水産改革以前から，近年の日

*7 養殖対象種の選定は，水温や海流の影響も受けるため，全国一律でこのような養殖業への転化が生じることはないと考えられるが，全国平均で見れば，このような変化が予想できる．

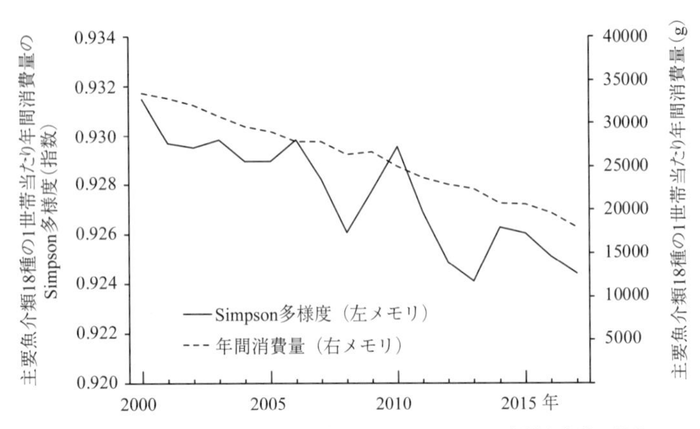

図 10-2　主要魚介類 18 種の消費量における Simpson 多様度指数の推移
資料：総務省統計局「家計調査」のデータを用いて筆者推計.

本の家計における水産消費の特徴として観察できる傾向でもある. 図 10-2 の実線（左メモリ）は, 日本の 2 人以上世帯の生鮮魚介類主要 18 種の消費量の偏り度合いについて Simpson 多様度指数で数値化し 2000 年から 2017 年までの推移を示したもの, 点線（右メモリ）は同じ期間における生鮮魚介類主要 18 種の 1 人当たり年間消費量（g）の推移を示している*8. ここで Simpson 多様度指数は,

---

*8　総務省統計局「家計調査」から, 2000 年から 2017 年の間の全国の 2 人以上世帯における生鮮魚介類 18 種の平均購入数量(g)の年次データを得て, $Simpson_t = 1 - \Sigma_{i=1}^{18} (w_{i,t}/W_t)^2$ の式により Simpson 多様度指数を算出した. ここで, t は該当年, $Simpson_t$ はある年 t における Simpson の多様度指数, i は魚種の違いを識別する番号, W_t はある年 t における 18 種の平均購入数量（g）の合計, $w_{i,t}$ はある年 t における第 i 番目の魚種の平均購入数量（g）である. なお, 18 種とは,「家計調査」で魚種別に記載されているマグロ, アジ, イワシ, カツオ, カレイ, サケ, サバ, サンマ, タイ, ブリ, イカ, タコ, エビ, カニ, アサリ, シジミ, カキ, ホタテガイである. なお, 日本の魚介類消費の多様度に関する先行研究として, 工藤貴史東京海洋大学准教授が 1980 年から 2008 年の家計調査年報の年間購入金額データを用

0～1の間の値をとり，18種が万遍なく消費されているほど1に近づき，消費に偏りがあるほど0に近い値（消費が1種のみの場合は0）となる．わが国における水産物消費量（g）の減少については，これまでも日本人の魚離れとして指摘されてきたが（大石，2018），この図からはそれが消費魚種の多様度の減少（特定の魚種へ消費が偏る傾向）も伴っていたことがわかる．この背景には，多くの生鮮魚介類が消費の減少に直面している中で，刺身や寿司で人気・定番魚種であるサーモンやマグロについては養殖モノの輸入によって供給を支えることが可能で比較的安定した消費が保たれており，さらにはスーパーなどが家計のニーズに合わせた魚種構成に売り場を改変することを通じてその傾向が定着してきたことが考えられる．水産改革は，こうした消費魚種の多様度の減少傾向を加速させる可能性がある．

養殖や輸入による水産物では対象種を選択でき，旬の時期も天然モノとはしばしば異なる．一方，わが国の魚食文化は，国土が北東から南西へと細長く伸び各地に特徴的な漁場環境が存在することから地域固有の海産物が多く，明瞭な四季が存在することから旬の食材が季節ごとに移り変わるという特有の自然環境を反映して育まれてきた．このことは，わが国の魚食文化と養殖や輸入による水産物が調和しづらいことを意味する．沿岸域で小規模漁業から養殖業への生産代替が進んだ場合，あるいは大規模漁業の隆盛で廃れた小規模漁業の漁獲魚種が輸入により補完される場合，自然との共生の中で育まれてきたわが国の魚食文化の本質が脅かされる可能性があ

いてShannon-Wienerの多様度指数を推計した先駆的研究がある（山本ら，2010）．この研究によると，多様度は1990年から1999年にかけて上昇し，1999年以降に低下傾向へ転じた．

る．

4．おわりに

本章での分析結果を総括すると，水産改革という一連の政策パッケージは，日本の魚食文化に次のようなポジティブとネガティブの作用をもたらすと考えられる．ポジティブな作用とは，水産物輸出の増加を通じて，日本の魚食文化の海外普及に貢献するというものである．海外に発信された文化的価値は，芸術文化財の外部性を通じて，経済的価値となりわが国にフィードバックされることが期待される．これは，いわば魚食文化の量的拡大によるわが国への恩恵である．他方，ネガティブな作用とは，効率性の低い小規模沿岸漁業の縮小を通じて，日本の魚食文化の礎である多様な地魚や旬の魚介類の供給が減少するというものである．これは，地域性や季節性を重視するわが国の魚食文化に質的希釈をもたらしうる．

質的に洗練された文化こそが文化の外側で暮らす人々を惹きつけるのだとすれば，水産政策がもたらすこれらの逆方向の作用は互いに独立した関係にはない．魚食文化の量的拡大によりもたらされる外部性が真価を発揮するためには，魚食文化の質的希釈を防ぐことが不可欠なのである．したがって，水産改革は，効率性と経済成長の実現という経済的価値観の追求の文脈においてさえ，魚食文化の質的な側面を考慮する必要があろう．その究極の目的が，水産業の成長産業化という局所最適ではなく，わが国全体の産業的発展を見据えた全体最適にあるのだとすれば，である．

2013年末の「和食」のユネスコ世界文化遺産への登録は，わが国の食文化の威信を高め，海外の人々の関心を高めることに貢献した*9．これは，和食の中で重要な位置づけをもつ魚食の文化的価値が一層重要性を増したことを意味する．他方，世界文化遺産への登録は，われわれがその文化の維持と継承のために義務を負ったことをも意味する（江原，2015）．水産改革は，欧米先進諸国の漁業に倣い，欧米を中心に作り上げられた仕組みに日本の漁業を合わせようとする試みともいえるが，われわれは欧米に比べて豊かな魚食文化をもつ．われわれは，欧米が重視する必要のなかった文化の側面について，考慮するに値する価値をもつと同時にその義務もまた負っているのである．（大石太郎）

謝　辞

本稿執筆の過程で東京海洋大学工藤貴史先生から貴重なご助言をいただいた．ここに記して深謝申し上げる．なお，本稿における主張および残された誤謬は著者個人に帰する．本研究は農業・食品産業技術総合研究機構生物系特定産業技術研究支援センター地域戦略プロジェクト（課題ID：16802899）ならびにJSPS科研費（16H02565，19K06250）の研究成果の一部である．

*9 「インバウンド消費」（訪日外国人による消費）という新語が流行した2014-15年を境に日本の旅行収支は黒字に転じ，2018年には黒字額は約2.4兆円に拡大した（観光白書，2019）．和食の世界遺産への登録は，訪日外国人旅行者とその消費が増加した要因のひとつと考えられる．ただし，アトキンソン（2015）は，日本が気候，自然，文化，食事という観光大国の4条件を満たす稀有な国であり日本の成長戦略において「観光立国」は有力な選択肢であるとしつつ，日本の世界遺産は登録によって一時的に観光客が増えるものの観光客を招く地道な努力が足りないため人気が長続きしないと警鐘を鳴らしている．

文 献

アトキンソン, デービッド. (2015).「新・観光立国論 ― イギリス人アナリストが提言する 21 世紀の「所得倍増計画」」. 東洋経済新報社.

江原絢子. (2015). ユネスコ無形文化遺産に登録された和食文化とその保護と継承. 日本調理科学会誌 48(4): 320-324.

林 紀代美. (2002). 高等学校地理における水産関連事項の取扱いと水産関連研究の活用. 新地理 50(2): 13-26.

池上 惇. (2001). 文化と固有価値の経済学. 文化経済学 2(4): 1-14.

石原広恵. (2017). 東京オリンピック・パラリンピックと持続可能な水産物 Part2 エコラベルの国際動向 2. 海洋水産エンジニアリング 2017 年 11 月号: 36-46.

川越哲郎. (2019). 魚食のすすめ. 表面と真空 62(10): 51-53.

国土交通省観光庁. (2019).「令和元年版　観光白書」.

農林水産業・地域の活力創造本部. (2018).「農林水産業・地域の活力創造プラン（平成 30 年 6 月 1 日改訂）」. 1-43, 別紙 1-9（別紙 8:「水産政策の改革について」).

農林水産省大臣官房政策課. (2019).「平成 30 年度食料需給表（概算）」. 農林水産省大臣官房政策課食料安全保障室.

大石太郎. (2018). 水産物消費者の動向. 日本水産学会誌 第 84 巻特別号（日本水産学会 85 年史）: 165-167.

酒井梨鈴, 渡辺 学, 鈴木 徹. (2007). 蓄養マグロ流通における環境負荷 ― 冷凍マグロ（海上輸送）と冷蔵マグロ（航空輸送）の比較 ― . 日本冷凍空調学会論文集 24(3): 167-172.

八木信行. (2011).「食卓に迫る危機 ― グローバル社会における漁業資源の未来」. 講談社.

山本民次, 桜井泰憲, 清野聡子, 河野 博. (2010). 第 23 回沿環連ジョイントシンポジウム「水産からみた生物多様性とは何かを考える」を終えて. 日本水産学会誌 76（4): 750-755.

山下東子. (2012).「魚の経済学 第 2 版 ― 市場メカニズムの活用で資源を獲る」. 日本評論社.

コラム　和食文化における魚介類の重要性の定量化

海の幸の豊富な日本では，食文化における魚介類の重要性がしばしば指摘される．その一方で，和食文化において魚介類がどの程度重要であるのかという量的把握は，和食やその文化について明確な定義が難しいため答えを導出することは難しい．以下の図は，2007 年 12 月に農林水産省が「農山漁村の郷土料理百選」として選定した 47 都道府県の郷土料理 99 品目を代表的な和食文化と仮定し，料理の名称や使用量からもっとも象徴的に用いられている食材の割合を示したものである（本百選では自分の一押しの 1 品を加えて完成させてほしいという意図から 99 品目となっている）．ここで，例えば，千葉県の太巻き寿司や和歌山県のめはりずしでは料理名が寿司（すし）であっても魚介類を使用しないまたはメインの具材とはしないため象徴的な食材は魚介類ではないと判断したが，一般的な寿司のような料理ではメインの具材が魚介類であるため，ネタとなる魚介類よりもコメの分量が多かったとしても魚介類を象徴的な食材とした．その結果，象徴的に用いられる食材は魚介類が 45%を占め，穀物（25%）や野菜（12%）を大きく引き離していた．魚介類が主食の米を含む穀物を上回った理由は，その種類（魚種）が豊富であり特産や旬の形でその持ち味を引き出すことが可能であることから，食文化の象徴となりやすいことが考えられる．この切り口で見た場合，魚介類は和食文化にとって最重要の食材といえるだろう．（大石太郎）

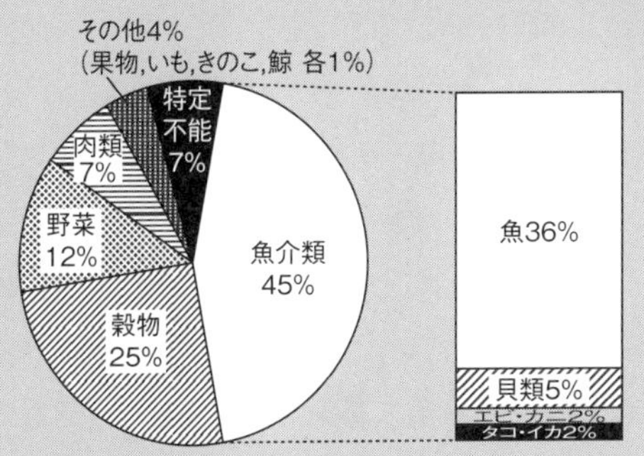

図　『農山漁村の郷土料理百選』の全 99 品目で象徴的に用いられている食材の内訳
農林水産省・財団法人農村開発企画委員会（共編）（2008）「農山漁村の郷土料理百選」より筆者作成．

11章
水産政策改革をめぐるJFグループの運動と役割

1．水産政策改革の検討

水産政策改革の議論は，日本経済調査協議会が2007年2月にまとめた「水産業改革緊急提言」以降，国や与党において行われてきた．その問題意識は，「養殖業の振興を図るための新規参入を漁業権制度が阻んでいる．海外で資源増大の成果を挙げている数量管理の導入が進んでいないことが資源減少の要因である．」というものである．JF全漁連（全国漁業協同組合連合会）は，制度や漁業現場の実態に精通した学識経験者で構成する委員会を設置し，まとめられた提言（「日本経済調査協議会水産業改革高木委員会『緊急提言』に対する考察」2007年7月JF全漁連漁業制度問題研究会）等を基に組織協議を行い，グループを挙げた対応を進めた．政権交代や東日本大震災の発生もあり，制度改正等の具体的な動きには至らなかったが検討は進められ，内閣府・国家戦略特区会議においては，漁業権の免許を入札制にせよとの極端な議論も行われた．

その後，国の規制改革推進会議の議論を踏まえ，農業協同組合法（農協法）の改正がJAグループの強い反対を抑えて実行されたことに続いて，林業・水産業の議論が進められた．そして，2017年5月に公表された「規制改革推進に関する第一次答申」において，「数量管理等による水産資源管理の充実や漁業の成長産業化等を強力に推進するために必要な施策について，関係法律の見直しを含め検討を開始し，早急に結論を得る.」という方針を打ち出し，検討を本格化させた．規制改革推進会議に水産に特化した検討を行うワーキンググループが設けられ，全漁連は2回にわたりヒアリングを受けた．この場で本会は，世界でも例を見ない沿岸域の稠密な利用を支えてきたのは，漁業権制度に基づく漁業者を主体とする調整機構であり，行政が公平性をもって管理することが困難なことから自らは当該漁業を営まない漁協が管理していること．沿岸漁業における資源管理は，限られた海域で来遊状況に応じて多種多様な水産物を漁獲する沿岸漁業の特性に応じた管理が重要であること等を訴えた．

そして，これらの検討を踏まえ，2018年6月，国の農林水産業・地域の活力創造本部は「水産資源の適切な管理と水産業の成長産業化を両立させ，漁業者の所得向上と年齢バランスのとれた漁業就業構造を確立することを目指し，水産政策の改革を実施する」ことを打ち出し，漁業法等の制度改正に向けた作業を急ピッチで進めた．

2．漁業権制度の見直し

制度改正における沿岸漁業者の最大の関心事は漁業権制度の見直しである．制度改正によって，漁業者間の話し合いを基本とした調整機構が崩壊し，浜に大きな混乱をもたらすのではないかとの心配の声が全国からあげられた．漁業権について「水産政策の改革について」では，漁業権制度の果たしている資源管理や漁業をめぐるトラブル回避の役割が認識され，「漁業権制度は今後も維持する.」と明記され，入札制導入等の極端な議論に終止符が打たれ，漁業者間の話し合いの重要性や調整を担う漁協の役割が認識されたといえる．しかし，一方で「都道府県が漁業権を付与する際の優先順位の

『法定制』を廃止」することが示され，「漁協への免許の優先を見直し，企業に解放」というような見出しで報道がされたため，優先順位が何もなくなり，知事が勝手にどこに免許するかを決められることになるのではないか等の強い不安の声があげられた.

3．JF グループの要望

2018 年 7 月以降，JF 全漁連は数多くの説明会や会議を開催し，また，各県域で開催された説明会に水産庁とともに参加し，その回数は 200 回を超えた．具体的な改正内容について出された厳しい意見・要望を基に組織協議を行い，9 月に次の 5 点を JF グループの要望としてまとめた．①適切な管理の行われている漁協に免許されている漁業権は，引き続き当該漁協に優先して免許されることを明確にすること．②新たな漁業権の設定に当たっては，地元漁業者・漁協等の意見を聴き，漁業調整に支障を及ぼさないと認める場合に設定することを引き続き都道府県に義務付けること．③数量管理や IQ の沿岸漁業への導入は，沿岸漁業の特性を十分に踏まえ，資源評価の精度向上，管理手法の開発や経営への影響緩和策等，十分な準備が整うまで行わないこと．④沖合・遠洋漁船の大型化については，資源管理や沿岸漁業者との紛争が生じないことが確認される場合に限り認めること．⑤水産業協同組合法（水協法）改正に当たっては，先行した農協法の改正事例があるとはいえ漁協と農協が実態上も制度上も大きく異なることを十分に踏まえること.

そして，漁業者の不安を払拭し，浜の実態を踏まえた改革とするため，要望事項の実現に向けて国と厳しい協議を行い，衆参両院の農林水産委員会の参考人質疑の場での訴えも行い，改正内容への反映に努めた.

4. 改正された法律や制度

改正された法律では漁業権の免許について2つのことが定められた. 1つは, 採介藻や刺網等を行うための共同漁業権は今まで通り漁協・漁連以外には免許されないこと. 2つ目は, 区画漁業権等, 現在, 漁協などに免許されている漁業権は, 適切かつ有効に活用されていれば, その漁協等が申請すれば何にも優先して免許されることが定められ, これが新たな法律における優先順位になるといえる. また, 要件となっている「適切かつ有効に活用している場合」の解釈を知事が恣意的に行い, また, 各都道府県がバラバラな対応を行うのではないかとの心配の声があげられた. これについて国は, 具体的な判断の基準は国が示すこと, 漁協に免許されている漁業権は, 行使規則に基づいて組合員が適切な管理を行っている場合等, 漁協本来の取り組みが適切に行われていれば該当することを明言した. さらに, 漁業権の活用状況を毎年知事に報告することになることから, これに基づいて都道府県が必要な指導等を行うこととなり, 免許の更新の際に突然, 該当しないと判断されることのないような仕組みも講じられた. また, 新規の漁業権の免許に当たっては, 漁協等利害関係者の意見を聴き, 紛争が起きない等, 調整が整わなければならないことが定められた. 加えて, 法案の1条の「目的」の条文で「漁業者の秩序ある生産活動が, その使命の実現に不可欠」と記述され, 漁業者を主体とした調整機構の役割がしっかりと位置づけられたと考える.

資源管理について新たな制度においては, その基本を従来の努力量管理から数量管理に移行し，TAC 対象魚種を拡大することとした．しかし，沿岸漁業は船舶の数が多く，多種多様な魚種を来遊に応じて漁獲し，多数の港に水揚げするため，漁獲量の把握や資源評価が難しいという実態から，数量管理の実施に当たって配慮することとされた．沿岸漁業においては，関係漁業者間の話し合いにより，様々な自主的な共同管理が行われている．近年，世界的にも評価されている小規模漁業における共同管理の実効性や効率性を改めて検証し，実態に合った管理手法を検討してもらいたい．また，沿岸漁業の漁獲対象種に TAC を導入する場合には，数量管理の具体的手法，資源評価方法，漁獲量の把握・報告方法，経営への影響緩和策等を国が明確に示し，沿岸漁業者との協議を行い，了解を得て進めることが管理を実効あるものとするために必要である．

関連制度改正の一環で水協法の改正も行われた．漁業法の改正に伴うものに加え，先行した農協法の改正に関連したものも行われた．農協と漁協は，第 1 次産業従事者の協同組合組織であるが，組合員資格や収益構造等は大きく異なることから，その違いを踏まえた見直しを求め，国もこのことを理解し配慮した見直しがされたと考える．改正法に盛り込まれた販売担当役員の配置等を通じた販売事業の強化は，資源管理と所得向上による成長産業化の両立のために必要なものである．産地市場統合の推進等，市場流通を基本とした産地価格形成力の強化とともに漁業者の努力が消費者まで伝わる多様な流通の構築等に JF グループは取り組んでいかなければならない．

5．漁業の展望と JF グループの役割

今回の制度改正をめぐっては，当初，多くの心配の声や厳しい

意見があげられた．JF グループを挙げた運動展開，国会をはじめ，多くの識者の働きかけを国も重く受け止め，懸念された点の多くは払拭されたと考える．しかし，法律はできたがこれをどう運用していくかは，政省令，通達等に委ねられている．現在も議論が行われているが，この検討に当たっても，国は漁業者，JF グループとの十分な協議を行い，改革の実践者である漁業者が理解し，実践できるものとしていかなければならない．そのための努力と現場の漁業者に対する丁寧な説明を求めるものである．

わが国漁業は昭和の終わりから 30 年以上の長期にわたって縮小を余儀なくされてきた．しかし，ようやく平成の終わりになって，景気回復や世界的な水産物需要の拡大等の追い風を受け，2013 年から生産金額が増加に転じる等，明るい兆しが見えてきた．このような動きを確実なものとするため，自らの課題として改革に取り組んでいく必要があると考える．全国の浜で実践され，成果をあげている「浜の活力再生プラン」を基にした取り組み等をさらに推進するため，JF グループは，運動，事業，政策提言等の面で役割を果たしていかなければならない．（長屋信博）

終章
水産政策の改革で何が変わるのか

本書は，東京大学海洋アライアンスが 2019 年 10 月に開催したシンポジウムの講演から発展させた内容となっている．この章では，シンポジウムの総合討論で司会とパネリストを務めた 2 人が，各トピックの連関，通底する背景などを Q&A の形でまとめた．

保坂[*1]　それぞれの専門家が述べているポイントを，ここで改めて短く説明してもらえませんか？

八木[*2]　はい，私なりの解釈で説明しましょう．

1 章は，2018 年当時に水産庁長官であった長谷成人さんの話です．2018 年は，ちょうど改正漁業法の原案を作る作業を政府が行っていて，長谷さんはその陣頭指揮をとる立場でした．そもそも水産政策は，「産業政策」と「地域政策」の 2 つの側面があります．前者が選択と集中による産業の効率化を目指す一方で，後者は公平な利益配分や社会の安定を目指していると見ることができます．どちらを優先させてももう片方の支持者から批判されます．この中で，長谷さんは全国の現場と意識を共有しながら苦心してバランスをとっ

*1　保坂：保坂直紀
*2　八木：八木信行

たことがうかがえる内容です．

2章は，私自身が水産改革の内容を概説し，賛否両論が生じた理由などを説明した内容です．日本の沿岸漁業管理は，政府が管理の大枠を決めて，細部の管理は各浜の現場に権限を移譲するやり方です．小さな政府を維持しながら，現場からのボトムアップの創意工夫を大切にする仕組みで，国際的にも「共同管理」の好例と評価されています．しかし今回の改革は，中央政府にこれまで以上の権限をもたせ，大きな政府にしてトップダウンの管理を強化する方向性が見えます．その中で「共同管理」がどう変化していくのか見えない部分があります．漁業者と政府の間の不要な対立を避け，これまで数百年にわたって築かれてきた日本沿岸漁業の制度的資本を崩壊させないようにすることが重要です．制度的資本とは，日本の沿岸漁業の場合は，漁業協同組合を中心とした人間組織や，関係者の間に存在する信頼感などを指します．一度崩壊してしまうと，一から再構築するのは難しいため，大切にする必要があるのです．4章で佐藤さんが「中間集団」が大切との議論をされていますが，これと同じ方向の議論です．

3章は，改正漁業法をどう評価すべきか，行政法研究の専門家である三浦大介さんが論じています．今までは，漁業権を免許する際に誰に免許するのかのルールが法律に書いてあったものを，今回の漁業法改正ではそのルールを削除したことで，都道府県知事の「裁量権」が増えたという議論を三浦さんは展開しています．そしてこれは，2012年の「鉱物法」改正で「鉱業自由主義」から「国家管理」に軸足を置いたこととも類似の傾向であるとの議論を提示されています．漁業の場合は，江戸時代から続いた慣習法的権利としての「地先権」の実態が存在する場所もあり，今後も，地元の協力を得ながら漁業資源管理を行っていくことが重要との趣旨だと解釈できます．

4章は，地域研究を専門とする佐藤 仁さんが，環境を保全するうえでの中間集団の重要性を議論する内容です．中間集団とは，国家と個人の中間的な場所に存在する水利組合，森林組合，漁業協同組合などを指し，国家と個人が直接対峙することを避けながら，地域ごとに資源管理を担ってきました．しかしアジアを含めた各国で，人々の天然資源への依存率が低下し，地域の労働者も流動的になるなどして中間集団の力が弱まり，資源管理をめぐる権力の国家集中が進む傾向が見られています．同時に国家レベルでは，環境より開発を担う省庁の発言力が大きくなり，環境保全よりも発電所の建設が優先されてしまうなどの事例も見られます．これに対抗するためには，国家から地域への権限移譲を促すなどして中間集団を再度うまく活用できるようにすることが重要で，このためには経済開発や環境保護といった「セクター」ごとに完結させる発想を越えて，地域の固有条件を中心に据えた対応を行うことが重要と佐藤さんは論じています．漁業改革でも，今後，中間集団と国家の関係に注視する必要があるとされています．

5章は，改正前の日本の漁業管理の特色について，環境社会研究の専門家である石原広恵さんが論じています．石原さんはイギリスで博士の学位を取得された後，国際的な視点をもちながら，日本の沿岸漁業を今までとは違う新しい視点で評価する研究などを続けておられます．2009年ノーベル経済学賞を受賞したオストロムは，長年の研究の中で，地域の資源利用者が共有資源をうまく共同で管理できる条件を示しています．石原さんは，自分で日本沿岸域の実態を調査したうえで，日本漁業の中でオストロムのこの条件にピッタリと当てはまっている例を提示しています．そして，資源管理については，これを社会の中から独立した問題とみるべきではなく，社会や文化の中に埋め込まれたものとみるべきとする先行研究についても丁寧に解説されています．

6章は，漁業資源学の専門家である山川 卓さんが，欧米式の国家主導による科学データに基づく漁業資源管理について，その仕組みを論じています．これは海に生息する魚の資源量を科学調査によってある程度推定し数理モデルに当てはめることで，持続的に漁獲が可能な量を計算する方式です．これには資源量の推定精度を高める課題が存在すると山川さんは指摘しています．また，基本的に単一の魚種を管理する方式なので，複数の魚種を同時に漁獲する漁業の管理には現場で規制遵守の工夫が必要になること，また魚種が回遊する異なる地域間での配分ルールなどを入念に合意形成する必要があることなど，科学の側面だけでなく人間組織の重要性もあると山川さんは指摘しています．科学的な漁業資源管理が発展したのは第2次世界大戦後であり，江戸時代から人間組織を管理してきた日本の漁業管理とどうシナジーを出せるかが今後の課題になっている点も指摘されていると私は解釈しました．

7章は，経済学の専門家である阪井裕太郎さんが，米国では漁業資源管理制度を実際にどのように運用しているのかを議論する内容です．阪井さんはカナダで博士の学位を取得された後，ポスドク（博士取得後の専門研究者）として米国で2年仕事をされています．米国の漁業管理制度について情報を提供してくれる現地協力者とのコネクションを日本で一番有している研究者といっても過言ではないでしょう．米国では岸から 3 カイリ以内の沿岸漁業は州政府が管理し，それより沖合の漁業は連邦政府が管理しています．沖合の連邦管理漁業では科学データに基づく漁業資源管理が厳格に実行されています．一方で沿岸漁業の管理については，州政府は連邦政府の管理に従う必要はない状況です．州政府の管理では，魚類については科学的に計算した漁獲可能量をもとに管理を行うことが比較的多いのに対し，ウニ，ナマコ，貝類などは量的な規制ではなく操業日数制限などの規制が多いとの現状を紹介されています．つまり，沖合漁業は産業として厳格に管理し，沿岸漁業は地域ごとに柔軟な管理をしているようです．米国の沿岸漁業も，地域社会の実情に合わせて柔軟な管理をしている一例であるように，私は解釈しました．

8 章は，ノルウェーの漁業管理です．私の研究室でポスドクをしている鈴木崇史さんがノルウェーに行き，政府や大学，さらには業界関係者などから情報収集して最新情報をまとめた内容です．基本的にノルウェーの漁業管理も米国と似ており，沖合漁業は産業として厳格に管理し，その一方で沿岸漁業は社会的な機能を配慮しつつ柔軟に管理をしている状況がわかります．2018 年の統計では，沖合漁業用の 28 m 以上の大型船は 242 隻おり，彼らがノルウェー漁業生産金額の 7 割を生産しています．それより小型の船は 5776 隻おり，彼らの生産金額はノルウェー全体の 3 割です．後者は沿岸を中心に操業しており，特に 11 m 未満の小型漁船は船ごとの漁獲割当の数量規制は基本的に実施されていないことが示されています．私の研究室はノルウェー人の水産研究者たちと毎年国際学会や国際会議で会いますし，向こうからも毎年のように当研究室に来訪してきます．私自身，1989年以降何回もノルウェーの漁業現場に行きましたし，沿岸漁業船に同乗して漁を経験させてもらったことも何回かあります．この経験や人脈を活用し，ノルウェー語の資料にも当たって情報収集をしました．

9章では，漁業経済学の専門家である牧野光琢さんが，今回の漁業法改正を国際的な観点でどう評価できるかを論じています．北太平洋漁業委員会（NPFC）などの国際的な機関でも，資源利用者と政府の「共同管理」の重要性が認識されており，ルール作りにおける利害関係者の参画や，科学的な漁業資源管理以外の多様な管理施策の組合せが重視されている点などが紹介されています．また最近では，単一の漁業種だけに注目した管理よりも，生態系を一括して管理する手法が国際的にも注目されている状況があり，このためにも地域コミュニティーの参画や民間セクターと政府などとの連携が重視されているとの指摘もあります．

10章は，環境経済学や消費者行動学の専門家である大石太郎さんが，今回の水産改革は食卓にどう影響するのかを論じる内容です．改革の方向として，漁船ごとに漁獲枠を割り当てる方式をこれまで以上に広く採用することになると，旬の時期に魚を漁獲することにつながり，旬を大切にする日本の魚食文化にもポジティブな効果をもたらすと指摘しています．また沖合漁業で操業コストが下がれば日本市場で輸入品から国産品への代替が生じ，これも和食文化に良い影響を及ぼすとの指摘もされています．しかし同時に沿岸漁業が衰退すれば，多様性に富んだ水産物の供給が困難になり，地域ごとの多様な食文化が衰退するおそれがある点にも言及されています．消費者としても，今回の水産改革をひと事と思わず，自身の食卓と関連する問題として注視する必要がある，とのメッセージが込められているように思います．

11章は，改革が議論された2018年当時に，日本を代表する漁業者団体であるJF全漁連の専務であった長屋信博さんが書かれた内容です．ここでは2017年に政府が公表した「規制改革推進に関する第一次答申」以降，全漁連内部でも多くの内部議論を実施しつつ，政府と改革の方向性などについて調整を重ねたことが述べられています．私の解釈では，全国の漁業協同組合は，沿岸漁業の管理を「社会や文化の中に埋め込まれた（5章）」形で行う「中間集団（4章）」の役割をかねてから果たしてきました．今回の改革では「資源管理をめぐる権力の国家集中が進む傾向（4章）」や「都道府県知事の裁量権の増加（3章）」が進む一方で，全漁連の中間集団の役割が軽視されることがないよう，苦心して関係者と調整された経緯がわかる貴重な記録であると思っています．

保坂　全体をまとめると，日本の沿岸漁業のこれまでのやり方は国際的にも評価されているので改革は不要であるというメッセージにも聞こえますが．

八木　そのようなメッセージを私は意図しているわけではありません．改革は定期的に行うことが重要と考えています．

日本は漁業管理の歴史が古く，科学が発達する前の江戸時代から人間組織を管理するやり方で実績を積んできました．これは確かに国際的には珍しく，各国の専門家からも注目を集めてきました．しかし，現在は各国とも予算と技術があれば科学的な水産資源管理がある程度できるようになっています．最善の科学をより多くの場面で応用することは誰も否定しないでしょう．ただし，科学も万能ではありません．現状は2年前の科学データを使って今年の漁業を管理するような仕組みになっていますから，現場からも「科学的」といいながらあまり当てにならないとの批判もあります．よって，これまで日本が築き上げてきた社会的な資本，人間組織の結束，信頼感などの地域ごとの強みは捨てずに，これを併用して最善の資源管理を行う努力を継続し，また管理をうまく経営につなげるよう対応すべきです．

本書全体をまとめたメッセージとしては，時代にとり残されそうな部分は改革すべきであるが，今までの強みは同時に残す必要があり，このためには，従来の良い部分にはリスペクト（敬意）を払いながら何を残すべきかを専門的な見地からも吟味すべきで，その方が改革もうまくいくだろう，との方向が示されたと思っています．

保坂　従来の良い部分にリスペクトを払う方が改革がうまくいくのはどうしてでしょうか？

八木　従来の良い部分というのは，地域ごとにボトムアップの作業がやりやすいという部分を指しています．これには「中間集団」を大切にすることが重要です．本書でも佐藤さんがこの旨を述べておられて，多くの専門家も言葉を変えながら同じ趣旨を述べています．

そもそも日本の海洋生態系は北海道から沖縄まで多様です．またそこに住む人間も多様です．この中で，画一的な改善課題を中央が指摘して，各地域に作業を押しつける方式だと，地方は混乱します．地方から「いやその課題はうちには当てはまらない，中央のリサーチ不足だ」などと入口でつまずくからです．逆に，地域ごとにボトムアップの作業で課題を抽出し，これを国が用意したメニューに載せて解決する方が理にかなっているし，成功しやすいでしょう．

保坂　その点はわかる気がします．しかしタイミングが重要です．水産業の衰退が加速しているなか，そのような悠長な話で良いのでしょうか．ボトムアップで相談していると時間がかかります．ある程度トップダウンで強引に課題を決めて進める方が良い気もしますけど．

八木　タイミング的にはあと数年程度は余裕があると見ています[*3]．統計を見ると2013年から2017年までの5年間は，日本の水産業の生産金額は毎年右肩上がりで増えています．同じ期間に生産量は減少していますが，単価が向上して補っている状況が見て取れます．改革を行う体力的な余裕は，しばらくは保持されると思います．

そもそも日本の水産業が衰退しているというストーリーは，おもしろおかしく誇張して見せている雑誌などがあるため，それで間違ったイメージをもってしまう人がいるように思います．例えばある雑誌で，「日本の漁業は漁獲量が減少していて世界で一人負け」などと書いているものがありました．しかし，これは誇張です．

---

*3　本稿は新型コロナウイルスが広がる以前に記している．今後の日本経済の状況によっては，余裕は消える可能性がある．

特に，日本の一人負けという部分は，正確なデータに基づいておらず，事実誤認といえます．正確には，日本の一人負けというより，中国など途上国の大勝というべきでしょう．FAO（国連食糧農業機関）がウェブサイトで公表している水産統計データを見ればすぐわかることですが，天然魚の漁獲量は，日本だけではなくEU各国や，ノルウェー，米国，韓国などでも減少しています．逆に増加しているのが中国，インド，インドネシアです．統計からは，多くの先進国で漁獲量が減少し，逆に途上国が伸びている大きなトレンドが世界にあることがわかります．

また水産以外を見渡しても，日本では水産だけではなく農業も生産量が近年減少しています．背景には，先進国では労働力が第1次産業から第2次，第3次産業にシフトしている状況があります．このような全体の大きなトレンドを把握しないと適切な対策は打てません．そんな中で，日本の漁業という小さな部分だけしか見ていないと，全体を見失い，適切な一手を打てなくなると思います．

保坂　なるほど．それでは漁業法改正を使って，何を目指せば将来に期待できるのか，プラスの側面を簡単に説明して下さい．

八木　これを説明するには，日本沿岸域における水産業が何を目指しているのかに触れる必要があります．諸外国では輸出して外貨を稼ぐことを目的に水産業を行っているケースも多いのですが，日本の場合は内需を満たす目的が主体です．そして，諸外国から日本にやってくる輸入品が冷凍マグロや養殖サーモンといった大量生産の規格品であるのに対し，国産品は刺身用の白身魚や貝類など，少量多品種です．効率は悪い．しかし，これを鮮度良く食卓に届けることができるという強みをもっています．この強みを維持しながら収益を向上させることが重要です．また離島や半島などが多い日本列島の中で，漁業は遠隔地の産業の核として地域振興に資するという社会的な意義も有しています．

この目的に資するためには，消費者に日本のシステムをよく理解してもらい，良い製品を正当に評価してもらいたいと思います．国際市場でも，シンガポールや米国などには，鮮度にこだわった多様な水産物を大切にしている日本の水産物や食文化の価値を高く評価する層がいます．この層を中心に，製品輸出やインバウンド需要を持続可能な形で拡大していくことも重要です．国内市場が魚離れや少子高齢化で縮小する中では，国際市場を見据えてマーケティングを強化する対策をとることも重要です．水産改革もこれに資する取り組みにつながれば，期待がもてる状況になります．生産現場の改革が，生産現場だけに留まらずに市場の統合による高鮮度な商品流通や，生産と加工の緊密な連携による新商品開発などにつながるよう誘導することが重要です．

保坂　水産改革をすると国際市場で日本の水産物が高値でよく売れるようになるように聞こえますが，そうなのですか？　漁業で個別割当（IQ）制度を入れたら魚価は上昇するという議論を新聞報道で見たことがあるのですが，それと同じ議論をされているのでしょうか？

八木　IQ制度を入れても魚価は自動的には上昇しません．消費者市場はそれほど甘くはないでしょう．例えば自動車会社が，生産の現場で工程を合理化したとしましょう．それだけで自動車が高値で売れるわけではありません．生産工程を合理化しても，その現場は消費者には見えていませんから，消費者的には価値が見出せないのです．水産も同じです．IQ 制度を入れても消費者には生産現場は見えません．製品を高く売ろうとすれば，消費者が見える部分で製品の価値を上げる必要があります．

これについては国際的にも研究がなされています．例えば米国では 1990 年代に中部大西洋 Mid-Atlantic でアサリに似た二枚貝 Surf clam の IQ 制度*[4] を導入した際，導入前後の用途はクラムチャウダーの原料で変わらず，漁獲物の単価も変わらなかったという有名な話があります．また 1990 年代にアラスカでギンダラの IQ 制度が導入されましたが，最大消費地である日本の景気が 2000 年前後から低迷したため，ギンダラの単価は下がったと報告されています*[5]．つまり，需要側の影響が大きいということで，IQ を導入すると自動的に魚価が上昇するわけではありません．実際，IQ を万能のように論じるのは間違いとの指摘は漁業経済学の専門家などからもなされています．

ただし，もちろん魚価が上昇した例もあります．アラスカで獲れる大型のカレイの仲間であるオヒョウ Halibut は，1990 年代に IQ 制度を導入する前は早い者勝ちの漁獲で，漁期が解禁した直後に

---

*4　IQ 制度の中には IFQ（Individual Fishing Quota），IVQ（Individual Vessel Quota），ITQ（Individual Transferable Quota）などバリエーションがあるが，本章ではこれらをまとめて IQ 制度と記載して議論をしている．

*5　https://scholarexchange.furman.edu/rma/all/presentations/24/

ドッと漁獲し冷凍製品として流通していたのですが，IQ制度を導入してからは解禁直後に慌てて漁獲する必要がなくなり，漁獲時期が分散されて生鮮で商品が流通するようになりました．水産物は冷凍品より生鮮品の方が単価は高いので，IQ導入後はオヒョウの単価は結果的に上昇したといわれています．単価が上昇したのも，需要側の影響が大きいということを示しています．

ただし，今回の水産改革にも十分な希望はあると私は思っています．水産物は同じ魚種でも大型の個体の方が単価は高いというのが一般的です．大型はアブラがのっている個体が多いからです．このため，大型の魚体を選択して漁獲できるような漁法を使っている漁業では，IQ制度を導入した後，大型個体を選別して漁獲するようになって，結果的に平均単価が上昇する例があります．

ただし，魚価が上昇すれば需要は減少します．消費者にしてみると，魚ではなく肉を買えば良いということになりますから．その中で，流通や加工業者と漁業者が連携し，中間コストを抑えながら消費者が本当に求めている商品を届ける体制を構築することが重要です．IQ制度導入をきっかけにこれが構築できれば，好循環が生まれるでしょう．流通や加工には，使用されていない設備が存在しています．なぜなら，漁業は1週間経てば今の好漁が不漁になるという具合に生産量の変動が激しいなかでも，好漁時の魚がさばけるようにマックス状態まで設備投資してしまいがちだからです．IQ制度をきっかけに生産者と加工流通業者が連携を密にとり，生産量をなるべく変動させないような漁業操業ができ，なおかつ流通加工側でその商品を高鮮度・高付加価値の状況で消費者に届ける体制ができるように期待したいところです．これには，流通や加工も効率性をあげることが重要です．流通加工を対象とした改革を，二の矢として放つことも重要です．

保坂　操業コストはいかがでしょうか？　IQ 制度を導入すると漁業のコストは安くなる？

八木　こちらは先ほどより話は単純ですから，より期待ができます．IQ 制度を導入することで時間的な競争をする必要が薄れると，漁船のエンジンを全開にしないでゆっくり航行する時間が増えて燃油代は節約できるでしょう．

さらに，もし港でのセリ時間が今のように硬直的ではなく，漁獲物を陸揚げする時間を漁業者が自由に選択できるのなら操業の自由度は増し，さらにゆったりと操業できるかもしれませんが，これは今後の課題でしょう．

保坂　では環境面に話を移しましょう．IQ 制度を導入すると漁業資源は守りやすくなるのでしょうか？

八木　これは諸刃の剣です．

IQ 制度を導入すると国全体の漁獲可能量（TAC）を超過しないようにコントロールすることが容易になるといわれています．しかし一方で IQ 制度を導入すると，洋上での魚の投棄が増えることが外国の事例から報告されています．単価が高そうな大型魚だけを洋上で選別して残りを捨てるといった行為です．IQ を導入しているノルウェーではどうしているのか，以前私は，ノルウェー政府の高官に，この問題を聞いたことがあります．答は，「ノルウェーでは魚は神からのギフトなので，投棄は神への冒涜になるから，そのような行為はほとんどないのだ」とのことでした．その真偽はともかく，確かに，漁業者の行動規範となる何かが必要になる点はその通りです．

日本の場合，欧米よりも古くから漁業者団体がしっかり組織化されており，世界的には共同管理 co-management の優等生と見られています．つまり，政府と漁業者が直接対峙している構図ではなく，中間に団体が存在することで政府と漁業者が共同で管理する構図が成立しているのです．まさに，佐藤 仁さんが指摘する「中間集団」が存在していて，混乱しがちな漁業操業の現場で調整機能を発揮しているわけです．例えば北海道のスケトウダラ底曳き網漁業では，札幌にある北海道機船漁業協同組合連合会が，道内の沖合漁船の TAC について，その消化状況を漁船ごとにきめ細かくモニターして，漁期の終わりまで TAC の超過や使い残しが生じないようにコントロールしています．典型的な共同管理です．

漁業者と団体の信頼感がないとこのようなことはできません．このような信頼感が，漁業者どうし，また漁業者と中間集団，中間集団と政府といった各段階で維持できれば，投棄問題などでも一定の歯止めがかかり問題は軽減できると思います．しかし，政府が強引に改革を進めすぎて漁業団体と対立的になると，そのような信頼関係は損なわれて，操業秩序の維持が難しくなるかもしれません．ここは今後，気をつけるべきポイントの一つです．

保坂　漁業に関して，政府と個人の中間に立つ「中間集団」が日本でも機能していることはわかりましたが，それではなぜ，雑誌やインターネットなどで日本の漁業管理がなされていないなどと批判を受けるのでしょうか？

八木　批判している人は，オストロム型管理として日本の伝統的な管理が国際的に認められていることをよく知らないのでしょう．または，あえて取りあげないようにしているのかもしれません．本書でも指摘しているように，オストロムは，漁業者などがボトムアップによって管理内容をデザインし実施する行為が一定の条件下で極めて有効な管理になる，との学説を提唱しています．日本の沿岸漁業でもオストロム型の管理が江戸時代から続いてきました．魚食が盛んな日本では，漁業資源をめぐる紛争も古くからあり，漁業管理の仕組みを構築する現場のニーズがあったという背景もあります．科学的なデータが不十分な昔の状況では，政府のトップダウンよりも，むしろ現実的な仕組みです．

一方で欧米では，漁業管理制度の構築が1970年代頃から本格化しました．欧米では，タンパク源を水産物ではなく畜産物に求める食文化でしたから，それまでは漁業資源をめぐる紛争も一般的ではなく，漁業管理を行うニーズもそれほど切迫していなかったのでしょう．しかし70年代頃から国連海洋法条約を策定する動きなどが生じ，欧米では科学データを利用して，政府が直接トップダウンで漁業を管理する体制を急速に整備するようになりました．この手法が6章で説明している欧米型漁業管理です．

確かに，日本は欧米型漁業管理を発展させるスピードは先進国の中では遅い方でした．欧米型漁業管理では，科学調査や取締活動を政府側で充実させる必要があります．国家財政が厳しい中でいったいどこまでやるべきなのか，費用対効果は議論が必要です．その中で，対費用効果が高いオストロム型のボトムアップ管理でよいではないか，といった議論もありました．さらには，日本では他の産業でもそうですが，中央からトップダウンでコントロールされるよりも，現場発の創意工夫で臨機応変にコントロールしたいという現場意識が高かったことも背景にあると思います．

いずれにせよ，日本の漁業管理がなされていないとの批判は，全体の中の一面だけを見て語っている不正確な議論といえます．

保坂　でも，日本は今回の改革で欧米型漁業管理に舵を切ったわけですよね．政府はこの批判を認めたということではないでしょうか？

八木　改正漁業法のテキストをよく見ると，今までのやり方を捨てて欧米型管理に邁進するというより，オストロム型管理は尊重しながら，さらに科学的なデータに基づく漁業管理を拡充しようとする内容になっていると解釈できます．つまり独自の内容で，ボトムアップとトップダウンを折衷している状況です．トップダウンかボトムアップかでイデオロギー論争するよりも，業界内での対立を避けて産業が持続可能な形で発展するよう実利をとった改革のように見えます．批判をそのまま受け入れたのではないと行間でアピールしているように私には映ります．

保坂　なるほど，冒頭で八木さんが指摘していた「改革を成功させるためには関係者どうしの対立を避けて，信頼感を高めることが重要」という路線のようですね．さて，ここまで経済面，環境面に触れましたので，今度は社会面を議論しましょう．IQ 制度を導入すると船員の待遇が良くなる，ノルウェーのような大きな船になって居住スペースが大きくなって船員が快適になると聞いたのですが．

八木　この議論もよくある間違いの一つです．船員の居住スペースの差は，政府による船のサイズ規制が日欧で違うために生じている現象であって，IQ 制度と直接の関係はありません．船のサイズの規制は，日本はトン数規制で，ノルウェーなど欧米では全長規制です．よってノルウェーでは船の長さを 28 m とか 11 m とか規制の水準以下にしておけば，大型のキャビンを設置して船員の居住スペースを増やしても，漁業許可の制限条件に違反することはありません．ところが日本では，キャビンの容積を増やすと船の総トン数が計算上増えてしまい，漁業許可の制限条件に違反する結果になります．よって漁業許可を継続させるためにはキャビンスペースを増やせないという状況に陥ります．船員の居住スペースが日本漁船で小さいのはこの規制が原因です．

もっとも今回の日本の水産改革では，IQ 制度を導入するなど一定の要件を満たした沖合漁船などは，特例として船のトン数規制の撤廃も認めています．漁獲量を規制する観点からは，IQ で漁獲上限が決まっているので，船のサイズ規制を厳しくしてもこれは屋上屋を架す二重の規制になりますから，後者を撤廃しても問題ないとの考えが政府にもあるのでしょう．漁船のトン数規制が撤廃されれば，日本でも将来，船員の居住スペースを大きくした漁船が使用できるようになります．

保坂　ノルウェーでは漁業者の所得が1000万円を超える一方で日本の漁業者は250万円前後に留まっており，この差はノルウェーでIQを導入したことが原因という話も聞きましたが，それはどうでしょう？

八木　これも相当無理がある話ですね．日本とノルウェーでは，漁業者の所得だけでなく，他の産業による所得も大きな差があります．世界銀行が公表した2018年における1人当たりのGDP（国内総生産）の額では，ノルウェーが81697ドルで，日本が39290ドルとなっています．ノルウェーは産油国であり，輸出金額の4割以上を石油と天然ガスで稼いでいるという点で日本とは経済の構造が相当違います．水産国ノルウェーといいますが，水産業がGDPに占める割合は2%程度に過ぎません．

そして両国では物価も相当違います．あちらではコンビニで500mL入りのペットボトルの水が700円くらいします．サンドイッチは1500円です．

漁業者の所得の差も，水産業でIQ制度を導入しているかどうかに起因したものというより，経済全体の違いに起因する部分が大きいと考える方が自然です．

また，ノルウェーと日本の水産業を比較する議論では，ノルウェー側は大型沖合漁業セクターをもってくる一方で，日本側は小型沿岸漁業セクターをもってきて，これを比較して日本の数字が低いように述べている話が多いように思います．ノルウェーでは大型漁船が200隻ほどと少なく，一方で小型漁船は5800隻ほどと多数派です．しかし小型漁船の情報や統計をとることが難しいので，大型漁船をノルウェーの代表選手のようにして論を進めているのでしょう．これでは両国間の正確な比較にはなっていません．さらに日本とノルウェーは同じ「サバ」という名前の魚を獲っていますが，日本で獲っているのは「マサバ」で，ノルウェーの「タイセイヨウサバ」とは種が違い，生物学的特性値も違うため，両国で資源管理の考え方が違っても，これはむしろ自然なこととの議論もあります（小川・平松，2015）．総じてノルウェー漁業について日本で紹介されているものは啓発書や一部の報道を通じたもので，学術レベルの分析に基づく内容ではないとの指摘は複数の学会でなされています（片山・大海原，2015；猪又，2015 など）．

保坂　わかりました．ここからはノルウェーは脇に置いて，話題を日本に移しましょう．今まで日本で IQ を導入して成功した例はありますか？　何年か前に，わが国で初めて新潟県においてエビかご漁業に IQ を導入したとの報道を目にしましたが，それはどうなったのでしょうか？

八木　これも誤りを含んだ情報です．まず，新潟県のエビかご漁業が 2011 年に IQ を導入したのはそうですが，わが国で初めてという部分は誤りです．新潟県で導入される以前から，日本海のベニズワイガニを対象にしたカニかご漁業や，ミナミマグロを対象としたはえ縄漁業などでは IQ 制度を導入していました[*6]．また秋田県のハタハタ漁業でも一部で IQ 制度が導入されていましたし，北海

[*6] https://www.jfa.maff.go.jp/j/suisin/s_yuusiki/pdf/siryo_16.pdf

道ではIQのことを昔から「ノルマ」と呼んで政府と漁業者の共同管理の枠組みの中では珍しくない取り組みでした．北海道でのスケトウダラを対象とした底曳き網漁業や，サケ定置漁業もその例です．

新潟県のエビかご漁業がIQで成功したかどうかについては，IQは3隻の漁船が導入しているだけですから，資源量が向上しても，それのどの程度がIQ制度の影響で，どの程度がその他（環境変動など）から来る影響であったかなどを検証するには，分析に工夫がいるでしょう．学会レベルで通用する科学的な検証結果はまだありません．ただしこれは資源的な側面の話で，それ以外の経済的側面では成功しているように見える部分もあります．3隻の漁船の船主はいずれも中立的または好意的な態度を示していたとの報告書があります．

保坂　雑誌やウェブサイトでいろいろな誤情報が発信されてしまうのはなぜでしょうか？

八木　専門家の間で議論されている内容と，雑誌やウェブサイト上で流布している内容とは本質的に違う部分があります．専門家は，学術誌で査読を経た議論であるのかどうか，また統計的に有意といえる議論なのか，相関だけでなく因果関係まで本当にあるといえるのかなどを気にしますから，その辺をクリアしているストーリーをもとに議論をするクセがあります．しかし雑誌やウェブサイトは，あえて極端な話だけを取りあげて世間の注目を引こうとする場合があります．例えば，経済の分野でも，近い将来に株の暴落や地価の崩壊が起こるといった単行本を書店などでよく見ますが，査読を経た学術誌ではそのような内容はあまりみられません．水産の分野でも，近い将来，漁業資源全体が崩壊するような議論も雑誌やウェブサイトではよくありますが，学術誌ではあまり見かけません．これが，専門家の話と一般の人の認識がすれ違う背景にあると思っています．

また余談ですが，このような雑誌やウェブサイトの情報を鵜呑みにしたまま公務員などの就職試験を受けて，落とされた学生の話も複数聞いています．学生には，雑誌やウェブサイトなどを鵜呑みにせず，査読を受けた学会誌の論文や統計の数字を自分で確かめたうえで判断するように私は指導をしています．また，研究教育機関に属していないため学術論文にアクセスできない人でも，自分の頭で常識を働かせて話の整合性などを考えることが重要です．その際は，「水産業」を特殊な産業と思わずに，他の食料産業や製造業などと自分の頭の中で対比させながら，自分なりに考えると良いかもしれません．状況を正しく理解しないと，議論がかみ合わないという事態になります．

保坂　議論がかみ合わないとどうなるのでしょうか？

八木　水産の専門家と一般消費者などの間で認識のギャップが生じていると，変な方向に改革の議論が進みかねない点を危惧しています．例えばサンマなどが極端に不漁になったなどの話は高い確率で報道の対象となります．そして不漁の原因は過剰漁獲による資源減少にあると学術的な根拠なく断定している論調もあります．しかし，不漁となる原因については，気候変動など様々な要因が存在している中で過剰漁獲の寄与率がどの程度なのか，専門家の間でも算定できていないことが多いのです．また流通チャンネルの中でマーケットパワーをもつのは，スーパーなどの小売側であって，漁業者などの生産側ではないため，生産側は魚価安を甘んじて受け入れなければならない構造です．魚価安のため生産意欲が落ちて，あえて生産しない（廃業する）ケースもあります．その中で，「改革」と称して過剰漁獲を抑える政策だけを実行しても，効果は限定的でしょう．

保坂　それでは，どうすれば改革の効果がより向上するようになるのでしょうか？

八木　効果を上げるためには現場が混乱しないように進めることが大切です．現場が混乱する構図は，中央が現場に対して解決すべき課題をトップダウンで指定しつつ，解決手段は現場に丸投げするというものです．そのような構図では，現場で「いやそこは解決すべき対象課題としての優先度は低い」とか，「実行を現場に丸投げされても困る」などの反発が生まれます．むしろ，中央の役割は解決の手段をメニュー化して現場に提示することに留めて，解決すべき対象課題を特定する役割は現場に任せる方が，混乱しないでしょう．課題は全国一律ではなく，それぞれの現場で微妙に違いますから，このような役割分担の方が合理的です．逆の役割分担になると，私の経験ではだいたいの場合，混乱が発生します．

そして現場では，解決すべき課題をうまく特定するためにプレーヤーどうしの対立を避けて，共感度を高めることが重要です．はじめにでも書きましたが，改革は往々にして受益者と負担者が異なる構図になりがちで，成功させるのが難しいという性質を本質的に内包しています．対立が生じると，そこでブレーキがかかってしまいます．お互いに批判よりも，リスペクトをしながら議論を進める態度が求められます．

保坂　なんだか始めの方の話にもどってしまったようです．議論が一周したということで，この辺でQ&Aは終了にしましょう．ありがとうございました．

（保坂直紀・八木信行）

文　献

猪又秀夫.（2015）. ノルウェーの漁業と漁業管理: 大型まき網漁船のサバ操業を題材として. 地域漁業研究 56（1）: 57-83.

片山知史, 大海原 宏.（2015）. ノルウェー型漁業管理は日本漁業の救世主となり得るのか－出口管理に依存する資源管理の問題点. 日本水産学会誌 81（2）: 327-331.

小川大輝, 平松一彦.（2015）. マサバ太平洋系群と北東大西洋のタイセイヨウサバの資源評価・管理の比較. 日本水産学会誌 81（3）: 408-417.

大海原 宏.（2014）. 俄仕込みの「漁業経済論者」のウソ. 月刊漁業と漁協 2014（1）: 10-14.

おわりに
—東京大学「海洋アライアンス」による海研究シンポジウム

東京大学の海研究シンポジウムは第 14 回を迎え，2019 年度は「水産改革と日本の魚食の未来」と題して開催することとなった．本シンポジウムは，東京大学海洋アライアンスが主催するものであり，例年，特定の海洋に関わるテーマを掲げシンポジウムを開催している．

近年，海洋環境の保全，海洋鉱物生物エネルギー資源の持続的利用，海上交通の安全，海洋権益の確保といった観点から海洋を取り巻く状況は年々大きく変化している．そして，純粋な研究活動であっても「排他的経済水域」（EEZ）内での調査には厳しい制限が付けられ，観測のための事務手続きに一昔前とは比べられないほどに膨大な労力を払わなければならない事態となってきている．それがさらに発展して，「国家管轄権外区域の生物多様性（BBNJ）」と呼ばれるいずれの国家の権限が及ばない海域，つまり公海や深海底を対象として，熱水鉱床，遺伝子資源，生態系保全などについても新たな法的整備を行う交渉が国連で進んでいる．

長い歴史の中で魚食文化を育んできたわが国であるが，海洋環境の変動や，国際競争の激化など，かつて経験したことがない状態が生まれるようになってきた．食料安全保障の観点からすれば，多様なタンパク質食料の確保が重要であり，海洋はその極めて重要なフィールドとなっている．乱獲などにより特定の資源の状態がよくなければ，豊漁となっている魚種に対象を変えながら柔軟な漁業を行うことが重要である．しかし，サンマのような多獲性の魚種であっても国際競争がわが国の食料安全保障を脅かすことになるのであれば，漁業のあり方，考え方を根本から見直す必要がある．そのようなことを考えながらも，明るい魚食の未来を予見し本シンポジウムは開催された．

しかし，本書の初校時には，コロナウイルスの惨禍が世界中を取り巻き，スーパーの食品棚は何やら寂しげな状況となってしまった．大都市での消費が落ち込み，魚の競り値が急落している．海洋立国として魚食文化を維持することが，まったく別の事象から脅かされる事態に陥っている．極めて高いレベルでの保冷保存，迅速物流が求められる魚介類ならではの特徴が足かせとなり，改めて様々な観点からの検討が魚食の未来には必要と感じる．

このような予見しなかった出来事にも対応するためにも，学際領域としての海洋学全般の教育研究は重要なのであり，グローバルな観点から国と社会の未来を考え，海への知識と理解を深め，新しい概念・技術・産業を創出し，関係する学問分野を統合して新たな学問領域を拓いていくとともに，シンクタンクとしての役割を果たすことを目的とした組織が必要である．そこで，東京大学では，多様な研究分野が関わる学際領域の教育研究を推進し，社会から要請される海洋関連課題の解決のために，「海洋アライアンス」を2007年に設置することとなった．この組織は機構と呼ばれ，10以上の研究科や研究所にまたがる250名以上の教員と研究員が活動に参画している．これまでの本機構の主な活動は，海洋学際教育プログラム，総合海洋基盤（日本財団）プログラム，海洋リテラシープログラム，平塚沖総合実験タワープログラムなどであり，以下にその活動の概要を示す．

【研究：自然科学の基礎研究および海洋技術の高度化】 EEZ内の海洋資源の利用可能性の探求，洋上風力発電などの再生可能エネルギー開発，ワシントン条約に関連した海洋生物の動態分析，遺伝子資源保全のための生物研究，気候変動予測・減災・防災に向けた基礎調査・研究など

【研究：文理融合の教育研究の展開】 海洋基本計画の策定および

海洋施策の立法化に向けた科学的成果の提供，EEZ 保全・離島振興に資する事例研究など

【研究：平塚沖総合実験タワープログラム】 観測・実験施設の運営，気象・海象データの提供

【教育：海洋学際教育プログラム】 東大の正式な研究科横断型教育プログラムとして 2009 年から 10 年以上の教育実績をもつ海洋学際教育プログラムの実施

【教育：国際機関でのインターンシップ】 国際感覚を涵養するための 9 国際機関での教育（過去 5 年間に 45 名の派遣実績），現在締結済みの国連 2 機関（FAO，UNIDO）との正式協定に加え新たな国際機関との関係構築

【社会連携：国際社会が直面している海洋の諸問題の解決】 BBNJ への対応，海洋ごみ・プラスチック問題解決に向けた学融合研究，北極海航路の活用と海洋生態系への影響評価，水産重要資源の保全に向けた海洋感染症対策など

【社会連携：シンクタンク機能の充実】 企業などからの情報提供・技術協力依頼への対応，海洋開発のための新規事業および研究活動の提案，海洋に関わる知識のアウトリーチ活動など

【社会連携：グレーター東大塾などを活用した社会人教育】 企業の人材育成・再教育への貢献

以上は海洋アライアンスのこれからの代表的な施策を列挙したに過ぎないが，常に新たなる海洋問題に即応可能な機動的運営を目指し，より独立性が高くなる連携研究機構としての改組を 2020 年 4 月に行い，「東京大学海洋アライアンス連携研究機構」として新たに発足した．これにより，東京大学の海研究シンポジウムも海洋アライアンスの重要なアウトリーチ活動として，ますます大きく展開させていく予定である．

木村伸吾

執筆者紹介（五十音順，＊は編者）

石原広恵（いしはらひろえ）　東京大学大学院農学生命科学研究科農学国際専攻 助教（5章）

東京外国語大学外国語学部卒，一橋大学修士（MA）取得，英国ケンブリッジ大学修士（M.Phil.）および博士（Ph.D., Ecological Economics）取得．2016年東京大学農学生命科学研究科特任研究員，2018年より現職．2003年より国際機関ＵＮＤＰイエメン事務所にてプログラム・オフィサーとして勤務した経験を持つ．2020年，米国，ピュー財団のピュー海洋フェローを受賞．

大石太郎（おおいしたろう）　東京海洋大学海洋生命科学部海洋政策文化学科 准教授（10章）

関西大学総合情報学部卒，京都大学大学院経済学研究科博士後期課程単位取得満期退学．京都大学博士（経済学）取得．2006年総合地球環境学研究所プロジェクト研究員，2009年株式会社アミタ持続可能経済研究所研究員，2011年東京大学特任研究員，2013年福岡工業大学助教，2015年同准教授を経て，2018年より現職．日本水産学会編集委員，京都大学東アジアセンター外部研究員を兼任．

木村伸吾（きむらしんご）　東京大学大学院新領域創成科学研究科／大気海洋研究所 教授（おわりに）

東京大学大学院農学系研究科修了（農学博士）．1989年東京大学海洋研究所助手，2001年同助教授，2006年より現職．東京大学海洋アライアンス連携研究機構長．文部科学省科学技術・学術審議会専門委員，環境省ニホンウナギ保全方策検討委員会座長などを歴任．2010年度水産海洋学会宇田賞受賞．

阪井裕太郎（さかいゆうたろう）　東京大学大学院農学生命科学研究科農学国際専攻 准教授（7章）

東京大学農学部卒．東京大学大学院農学生命科学研究科修士課程．カナダ・カルガリー大学博士（経済学）取得．2017年東京大学大学院農学生命科学研究科特任研究員，水産研究・教育機構中央水産研究所研究等支援職員．2018年アリゾナ州立大学 Post doctoral Research Associate．2019年より現職．日本水産学会編集委員．2015年北米漁業経済学会（NAAFE）学生論文賞受賞．2018年国際漁業学会奨励賞受賞，世界漁業経済学会（IIFET）養殖経済学部門特別論文賞受賞．

佐藤 仁（さとう じん）　東京大学東洋文化研究所 教授（4章）

東京大学教養学部教養学科（文化人類学）卒，ハーバード大学公共政策大学院修士課程修了，東京大学博士（学術）取得．プリンストン大学ウッドローウィルソンスクール客員教授などを歴任．主な著書に『反転する環境国家－持続可能性の罠をこえて』（名古屋大学出版会，2019年），『「持たざる国」の資源論』（東京大学出版会，2011年）など．第10回日本学士院学術奨励賞受賞．

鈴木崇史（すずきたかし）　東京大学大学院農学生命科学研究科農学国際専攻 特任研究員（8章）

2013年に北里大学海洋生命科学部卒，2019年に東京大学にて博士号（農学）を取得．東日本大震災後の被災地における水産物マーケティング等を研究．2019年より東京大学特任研究員として，エコラベル付き水産物の輸出に関する研究を行う．同時に，岩手県の水産加工会社にて輸出事業の補助業務等に従事．

長屋信博（ながやのぶひろ）　前全国漁業協同組合連合会 代表理事専務，全漁連水産改革推進検討委員会委員（11章）

北里大学大学院水産学研究科修士課程修了．1978年全国漁業協同組合連合会入会．漁政部長，参事，常務理事を経て，2013年代表理事専務就任．2019年退任．学校法人北里研究所理事（2012−2018年）．

長谷成人（はせしげと）　前水産庁 長官，一般財団法人東京水産振興会 理事（1章）

北海道大学水産学部卒，水産庁入庁．資源管理推進室長，漁業保険管理官，沿岸沖合課長，漁業調整課長，漁場資源課長，資源管理部審議官，増殖推進部長，次長等を経て2017年長官．2019年退職．この間ロシア，中国，韓国等との漁業交渉で政府代表．INPFC（カナダ）執行委員長，NPAFC（カナダ）暫定事務局長，宮崎県漁政課長等出向．

保坂直紀（ほさかなおき）　東京大学大学院新領域創成科学研究科／大気海洋研究所 特任教授（終章）

東京大学理学部卒，同大大学院理学系研究科博士課程中退．1985年読売新聞社入社．在職中の2010年に東京工業大学で博士（学術）を取得．2013年に早期退職し，東京大学海洋アライアンスなどを経て2019年から現職．サイエンスライター．気象予報士．

まきの みつたく
牧野光琢　　東京大学大気海洋研究所 教授（9 章）

京都大学農学部卒, 英国ケンブリッジ大学修士(M.Phil.)課程修了. 京都大学博士（人間・環境学）取得. 横浜国立大学, 水産研究・教育機構を経て, 2019 年より現職. 主な著書に『日本漁業の制度分析』（恒星社厚生閣, 2013 年),『日本の海洋保全政策』（東京大学出版会, 近刊）など.

み うらだいすけ
三浦大介　　神奈川大学法学部自治行政学科 教授（3 章）

成城大学法学部卒, 成城大学大学院法学研究科博士課程前期修了, 東京都立大学大学院社会科学研究科博士課程中途退学. 1997 年高知大学人文学部助手, 1998 年同講師, 2001 年同助教授, 2004 年神奈川大学法学部助教授, 2010 年より現職. 主な著書に『沿岸域管理法制度論』（勁草書房, 2015 年).

や ぎ のぶゆき
八木信行*　　東京大学大学院農学生命科学研究科 教授（はじめに, 2 章, 終章）

東京大学農学部卒, 米国ペンシルバニア大学ウォートンスクール経営学修士（MBA）課程修了. 東京大学博士（農学）取得. 2008 年東京大学大学院特任准教授, 2011 年同准教授, 2017 年より現職. 日本学術会議連携会員, 日本水産学会理事, 国連食糧農業機関（FAO）世界農業遺産（GIAHS）プログラム科学助言委員（2019−2020 年）なども務める. 2019 年カンボジア王国友好勲章（Royal Order of Sahametrei）受賞.

やまかわ たかし
山川　卓　　東京大学大学院農学生命科学研究科水圏生物科学専攻 准教授（6 章）

東京大学大学院農学系研究科水産学専門課程修士課程修了. 博士（農学）（東京大学). 三重県水産技術センター研究員などを経て, 2002 年より東京大学大学院農学生命科学研究科水圏生物科学専攻助教授, 2007 年より現職. 専門：水産資源学. 現在, 農林水産省の水産政策審議会会長, 同審議会資源管理分科会会長などを務める.

図版クレジット

図 9-2：国際連合広報センター
The content of this publication has not been approved by the United Nations and does not reflect the views of the United Nations or its officials or Member States.

水産改革と魚食の未来

八木信行 編

2020 年 7 月 10 日　初版 1 刷発行

発行者　　片岡　一成
印刷・製本　株式会社ディグ
発行所　　株式会社恒星社厚生閣
〒160-0008　東京都新宿区四谷三栄町 3-14
TEL　03(3359)7371(代)　FAX　03(3359)7375
http://www.kouseisha.com/

ISBN978-4-7699-1648-2 C1062

(定価はカバーに表示)